LE COMPAS

DE PROPORTION

OU

LES ARPENTEURS APPELÉS A L'ORDRE.

LE COMPAS
DE PROPORTION
OU
LES ARPENTEURS APPELÉS A L'ORDRE.

Essai Critico-Mathématique,

De GAÉTAN ROSSI de Catanzaro, dans le Royaume de Naples.

Ouvrage adressé aux Mathématiciens du jour, et dédié aux amis de la Vérité.

PYTHAGORA PRODUXIT.

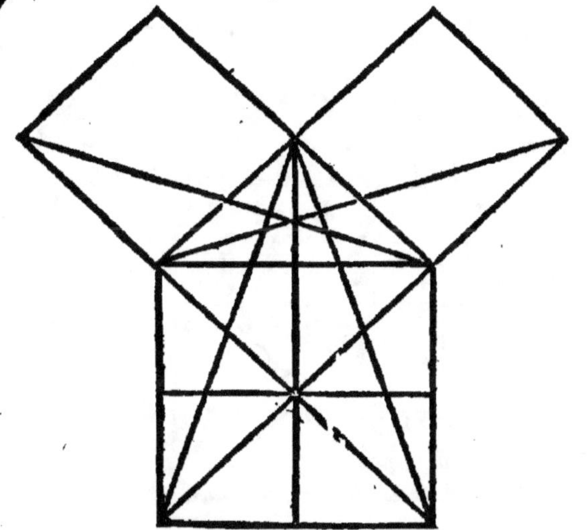

ROSSI DEMONSTRAVIT.

A GENÈVE,

Chez Luc Sestié, Imprimeur.

An XI. — 1802.

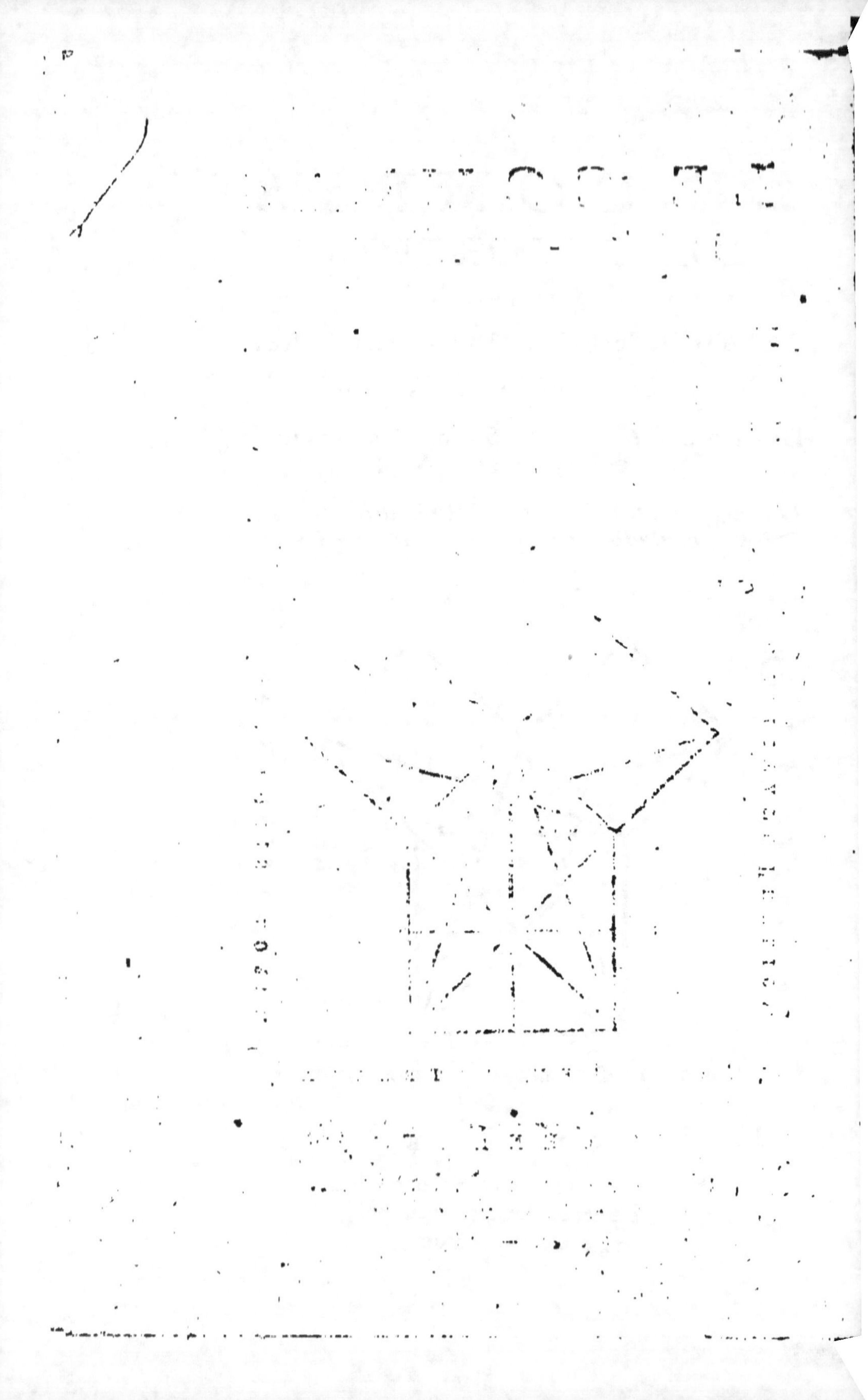

A

TOUTES LES PUISSANCES

DU MONDE CIVILISÉ.

Un essai de la nature de celui que je mets au jour, quoique dédié à tous les amis de la vérité et soumis à l'examen sévère de la critique, n'en est pas moins un ouvrage utile à l'humanité, et à la prospérité des états, et il convient que cet ouvrage paraisse sous les auspices de ceux que la nature et la société ont tacitement ou expressément appelés à gouverner les hommes et à veiller à leur bonheur.

Daignez donc, ô vous les pères de la patrie, agréer cet hommage que je rends à la grande famille : c'est sous votre protection particulière que j'ose le placer, en vous offrant l'assurance des profonds sentimens de respect et de vénération dont je suis pénétré pour tous ceux qui s'occupent de la félicité des peuples et l'accroissement et propagation des lumières.

Genève , le 10 Frimaire an XI de la République française. (Le Ier. Décembre 1802).

GAÉTAN ROSSI.

AVERTISSEMENT

Dont la lecture est nécessaire pour justifier l'objet de cet essai , vis-à-vis les Mathématiciens du jour.

Ce n'est pas pour m'ériger en dictateur contre tous les insignes Mathématiciens qui ont illustré et ne cessent de travailler à élever jusqu'au plus haut degré la Science de la Géométrie, que je vais publier ce petit essai : je reconnais hautement que c'est dans leurs ouvrages que j'ai puisé les premiers principes de mes faibles connaissances en Mathématique. C'est pour ne pas frauder l'humanité des rayons de lumière, qu'à l'aide de mes travaux particuliers j'ai découverts sur le vaste horizon de la Science Universelle, et que les premiers maîtres de cette science, à la gloire de qui je donne cet essai, n'ont pas encore découverts et publiés, soit pour ne pas développer un esprit novateur, soit pour n'avoir pas employé cette hardiesse confidentielle que l'homme doit avoir toujours vis-à-vis la raison qui est le timon des Mathématiciens.

En effet, quoique l'objet de ce faible essai ne soit pas fondé sur la simple idée de convaincre les ennemis de la *Quadrature du Cercle*, de l'existence réelle de sa théorie et probabilité de mon invention ; cependant il est bien éloigné de celle de vouloir insulter tous les insignes Mathématiciens qui, ayant partagé les fautes que je me propose de relever, me rendront la justice de confesser que l'erreur, pour être involontaire, n'en est pas moins préjudiciable aux progrès de la Science et de la Perfectibilité, et que dès lors le premier soin, comme le premier devoir de tout homme qui se livre à l'étude est de rectifier toutes les erreurs qui auraient pu se glisser par la suite des tems ou par des fausses interprétations.

Il est vrai, qu'en matière de connaissances géométriques, vouloir obliger ceux qui se flattent d'en connaître à fond le sujet, les moyens et l'objet à croire ce qui dans leur système est impossible sans donner auparavant quelque essai qui soit capable d'atténuer leur incrédulité , semble une idée plus propre à blesser leur amour-propre , qu'à les convaincre : mais cette intention ne fut jamais la mienne. Je crus blesser moins l'amour - propre des Mathématiciens du jour , et l'ombre respectable de ceux qui n'existent plus parmi les vivans , quoique leur renommée soit toujours immortelle , en m'exposant tout d'un coup à donner la solution du problème de la *Quadrature du Cercle*, et en laissant ainsi aux premiers la liberté de pouvoir revenir d'eux-mêmes sur leurs pas , pour corriger les immenses fautes , qui , ma démonstration une fois publiée , ne pourront plus rester cachées dans leurs ouvrages , qu'en m'érigeant en Aristarque contre la plus grande partie de leurs démonstrations et fausses théories qu'ils emploient.

La circulaire que j'ai publiée il y a quatre

mois , justifie mon assertion : en voici la
teneur.

A toutes les Nations savantes et commer-
çantes de l'Europe.

CIRCULAIRE.

Gaétan Rossi, homme de lettres et de
loi , natif de Catanzaro dans le royaume
de Naples , et résidant à Genève , qui ,
par ses travaux assidus et méthodologiques ,
peut se flatter enfin d'avoir trouvé la *Qua-*
drature du Cercle ; problème , dont la découverte est de si haute importance pour
la Littérature et pour l'Humanité en général,
qu'on peut bien dire que ce n'est que par
cette pure invention ; que non-seulement
les Mathématiciens auront l'avantage d'acquérir une règle théorique qui puisse les
délivrer des innombrables inexactitudes qu'on
aperçoit encore dans la Science du calcul,
mais que les Astronomes et les Navigateurs

respectivement auront le bonheur d'acquérir la véritable et sublime méthode d'employer leur *Lunette d'approche*, et de régler leur *Boussole* pour en tirer le profit désiré. Or, si ce n'est que par la *Quadrature du Cercle* qu'on peut parvenir à fixer le *Quartier d'observation*, qui sert à déterminer la distance exacte qui passe entre une Planète et toutes les autres, et perfectionner par ce moyen la science de *l'Astronomie* ; si ce n'est que par cette connaissance qu'on peut établir le *Quartier de réduction* qui sert à découvrir la longitude exacte de chaque endroit où l'on est par mer, et perfectionner ainsi l'*Art de la navigation*. Il faut avouer que la *Quadrature du Cercle*, (qu'on peut appeler sans allégorie l'échelle sphérique qui élève les mortels à la perfection), est aussi bien la clef infaillible du savoir humain, que la Grammaire des Mathématiciens. L'auteur de la circulaire n'ignore pas que cette découverte a excité dès long-tems l'intérêt général de toutes les Sociétés et Nations savantes et commerçantes de

l'Europe, et qu'elles ont destiné des gratifications considérables au profit de l'Auteur
qui la démontrerait ; gratifications auxquelles il ne croit pas devoir renoncer , quoiqu'elles n'aient pas été le but principal de
ses travaux et de ses veilles , et qui pourront exciter avec l'envie méprisable de beaucoup de vagabonds , l'émulation très - respectable de beaucoup de savans , et devenir ainsi l'origine d'une contestation sans
fin.

L'exemple de la grande dispute qui s'é-
leva sur l'invention des règles du *Cacul
différentiel* , publié en 1684 dans les actes
de *Leipsic* ; dispute qui ne pourra jamais
détruire tout-à-fait le soupçon de la mau-
vaise foi , et de l'esprit de plagiat qu'on
peut former sur un de ces deux grands
sujets que l'Univers doit estimer comme
les lumières du savoir humain, (je veux
dire de LEIBNITZ et de NEWTON) démontre très-clairement que l'homme , quoiqu'il
soit honnête et sage autant que possible ,
n'est pas toujours le maître de justifier sans

contradiction son amour-propre attaqué par l'envie ou par l'émulation , lorsqu'il négligea à son tems certaines prévoyances essentielles. Cet exemple , qui doit faire prendre des précautions à tous ceux qui voudront éviter les disputes désagréables auxquelles *l'Auteur de la Quadrature du Cercle* a dû s'attendre par la nature de son invention sans contredit plus intéressante que celle du Calcul différentiel ; cet exemple , dis-je, est le tableau évident qui fait pressentir à Rossi qu'il est très - possible que la plupart de ceux qui jusqu'à présent ne veulent pas croire qu'il ait vraiment achevé cette découverte , et qui regardent comme frivoles ses assertions , seront les premiers à lui en disputer la propriété , et à l'attaquer de plagiat , lorsque par la publication de la solution du problème ayant vérifié et justifié son assomption il les aura convaincus de la vérité. Voilà le double motif pour lequel avant de publier cette solution , il se croit dans la nécessité inévitable d'en donner avis par cette circulaire à tous les

Gouvernemens et Sociétés littéraires et commerçantes de l'Europe, en les priant nonseulement d'en faire la publication, pour vérifier s'il y a des Savans dans leur état qui se trouvent avoir sondé et trouvé la *Quadrature du Cercle*, mais de l'en informer le plutôt possible par l'organe de leurs Ministres et Envoyés, pour pouvoir, dans le cas négatif, tout de suite publier son ouvrage ; et dans le cas opposé concerter les mesures pour mettre en sûreté ses droits, comme ceux de ses émules.

Pour la règle de ceux qui liront cette circulaire, Rossi avertit encore une fois que la méthode qu'il emploira dans la solution du problème énoncé, est complétement exacte et point du tout approximative : ayant pour système de croire que dans les démonstrations mathématiques (qui en juste idée ne doivent amener qu'à un axiome) l'approximation est comme rien, et ne sert qu'à faire disparaître tout-à-fait l'espoir de jamais plus trouver la vérité. En effet, si pour avoir l'exposant exact d'une

grandeur $= 360$, on a poussé l'approxi-
mation jusqu'à $\frac{359}{360}$; et même à $\frac{359}{360} + \frac{3}{4}$ de
$\frac{1}{360}$; et même jusqu'à $\frac{359}{360} + \frac{3}{4}$ de $\frac{1}{360} + \frac{15}{16}$
de $\frac{1}{4}$ de $\frac{1}{360}$; et même (si vous voulez)
jusqu'à $\frac{359}{360} + \frac{3}{4}$ de $\frac{1}{360} + \frac{15}{16}$ de $\frac{1}{4}$ de $\frac{1}{360} +$
$\frac{43}{64}$ de $\frac{1}{16}$ de $\frac{1}{4}$ de $\frac{1}{360}$..... Comme la différence, la moindre qu'on puisse imaginer,
peut aller jusqu'à l'infini, et vis-à-vis l'exactitude former toujours une raison égale à
tout ce qui est évidemment vrai, vis-à-vis
tout ce qui est le plus vraisemblable; on
ne peut par elle déduire jamais une démonstration exacte : Imperfection que ne
comporte pas la Science de la Géométrie,
et qui, comme j'ai dit déjà, ne sert qu'à
cacher davantage la vérité.

*Genève, le 24 Juillet 1802. (An 10 de
la République Française.)*

G A É T A N R O S S I.

Quelle était donc mon idée en publiant
par cette circulaire la découverte annoncée ?
Rien autre que d'assurer au mérite de mes

travaux la propriété de l'ouvrage et la gloire
de l'invention plus que les profits attachés
à la solution d'un problème réduit en théorie ; car moi comme tout autre individu,
j'ai encore mon amour - propre , puisque
sans lui on ne peut s'élever au - dessus des
hommes ordinaires. Je croyais qu'implorant
les auspices de quelque Gouvernement que
ce soit , uniquement pour m'assurer sans
contestation le mérite résultant d'une production de cette nature, je ne faisais que
rendre hommage à l'humanité en général
et en particulier à celui qui eût voulu coo-
pérer à ma demande. Je n'aurois pu jamais
m'imaginer que les Ministres, les Journalistes,
l'Institut , et presque tous les Savans de la
capitale de la France, à qui je me fis un
devoir (me trouvant dans leur pays) d'en-
voyer directement ma circulaire , eussent
pu recevoir avec tant d'indifférence , et
(si j'ose le dire) de mépris l'offre d'une
démonstration de si haute importance non-
seulement pour la Science de l'Architecture
universelle , et parties qui la composent ,

mais pour les deux branches principalement qui regardent la *Science de l'Astronomie* et *l'Art de la Navigation* ; Science et Art , dont le PREMIER CONSUL BONAPARTE se fait un plaisir dans toutes les occasions de se déclarer le promoteur et le soutien ; car enfin, pour un ouvrage de ce calibre , et aux conditions que j'avais indiquées ; conditions qui ne pouvaient , je pense , être onéreuses, ni désagréables à qui que ce fut, j'avais lieu d'ésperer que tout Gouvernement ou Société littéraire se serait empressée de s'en montrer l'appui.

Sous quel rapport cette circulaire a-t-elle donc été envisagée de ceux qui me firent l'honneur de la lire, s'ils n'ont pas trouvé ni dans son sujet, ni dans son objet matière à appuyer directement ou indirectement le point de vue de LUCIUS-CASSIUS , *Préteur Romain* ?,... Croient-ils que je me sois trompé comme tant d'autres Mathématiciens très-renommés et sans comparaison de mérite plus que moi ; mais dans ce cas pourquoi refuser de m'écouter ?... Ou préten-

dent-ils établir (d'après le décret lancé contre
l'invention de la *Quadrature du Cercle* par
quelques-uns de ceux qui se croient les
nec plus ultra du savoir humain ;) la maxime
erronée de son impossibilité ?.... Qu'il me
soit permis de ne pas fixer mes regards
sur cette fausse et extravagante supposition ,
insultante contre la mémoire très - respectable des innombrables Savans de l'Univers ,
qui employèrent pour la trouver les plus
beaux jours de leur vie (quoique infruc-
tueusement) et indigne tout-à-fait de ceux
qui se flattent avec raison de connaître les
Sciences Mathématiques ; c'est donc à ces
derniers uniquement que j'entends adresser
ce petit essai.

Cependant, pourquoi vouloir nous en-
nuyer et soustraire notre attention des travaux effectivement utiles (me dira-t-on) ;
quand encore jusqu'ici l'invention de la
Quadrature du Cercle ne serait pas démontrée
impossible , elle est pour nous comme introuvable , selon ce que vient d'exposer
très-sagement (outre une infinité de Savans

bien renommés) le citoyen Bossut dans le *Discours préliminaire de son cours de Mathématiques*; la *Quadrature du Cercle* aujourd'hui n'est regardée de tous les Savans clairvoyans, que comme un objet qui ne peut frapper que les commençans, ou les gens tout-à-fait étrangers à la Géométrie ; en un mot comme le problème inventé pour faire allusion à l'impossibilité ; parce que autrement il auroit été trouvé déjà par les Mathématiciens célèbres qui ont illustré et élevé cette Science au point le plus sublime où elle est aujourd'hui. Quel homme pourra faire ce qui n'a pas été fait par M. Isaac Newton le plus renommé des calculateurs qui ont paru dans le monde ; celui qui, pour ainsi dire, a mesuré la grandeur et les distances de corps célestes en pesant les astres ; et qui a osé calculer combien de matière contient le soleil et combien il s'en trouve dans chaque planète ; enfin celui duquel l'immortel Pope dit :

L'obscurité régnait sur la nature entière,
Dieu dit, que Newton *soit et tout devint lumière.*

Mais!... ce n'est pas la plus forte raison (dira-t-on encore !...) A quoi servirait-elle cette si célèbre démonstration de la *Quadrature du Cercle* pour la Science du calcul qui (quoique approximatif) par les travaux de Métius et Archimède est porté , au bien de l'humanité , à tel degré de perfectionnement qu'il peut donner même de la clarté à la méthode exacte ?.... La Science de la Géométrie , aussi élémentaire que sublime, ou même aucune de ses branches , peuvent-elles monter humainement à un plus haut degré d'amélioration ?...... L'Astronomie ?..... la Nautique ?.... Le tems est passé où avec des illusions et des figures de Réthorique on enveloppait les hommes dans les filets des erreurs. Tout être doué de raison , connaît enfin , que la *Quadrature du Cercle* est une démonstration qui doit rester au rang de la *Pierre-Philosophale* ; et que ceux qui auront l'envie de se dédier aux lettres plutôt qu'aux nouveautés , peuvent sans elle parvenir à la perfection dont les mortels sont capables.

Voilà en raccourci , toutes les objections que j'ai recueillies des antagonistes de la *Quadrature du Cercle* : j'espère pouvoir y répondre d'une manière assez péremptoire, pour leur ôter tout moyen de répliquer raisonnablement.

DISCOURS

DISCOURS PRÉLIMINAIRE.

Scilicet incipiam lima mordacius uti ,
Ut sub judicium singula verba vocem.

(Ovid. lib. I; de Ponto.)

Si une de mes principales vues en publiant
ce faible essai , n'a pas été seulement de
démontrer à mes contradicteurs , que la découverte de la *Quadrature du Cercle* est la
théorie la plus utile , la plus nécessaire et
la plus indispensable pour la science exacte
du calcul ; mais , sans dévoiler mon système ,
de confondre tout-à-fait les partisans de la
méthode approximative en faisant voir quelle
différence existe entre leur manière de calculer
et la mienne : il me semble avoir parfaitement et par le moyen le plus analogue à
la circonstance rempli mon double objet,
lorsque par une démonstration axiomatique

b

j'aurai convaincu les uns et les autres qu
ce n'est que par ce système d'exactitude
puisé dans la Science de la *Méthodologie-
générale* (a) (système que les Mathématiciens
du jour osent le comparer à celui de leur
méthode approximative) qu'on peut découvrir , soit dans l'ordre *Cosmographique*
(b) , soit dans l'ordre *Comophysique*

(a) *La Méthodologie-générale* est la Science qui
nous enseigne la manière d'arranger les idées et les
matières dans un ordre convenable pour donner à
l'objet qu'on traite de la clarté , de la précision et
de l'agrément : en un mot, elle est la science de la
Perspective-appliquée , et celle que théoriquement ont
cherché de mettre au jour HORACE et BOILEAU avec
leur *Art poétique* et POPE avec son *Essai sur la critique*. M. WOLFF et un des Méthodologistes le plus
recommandable entre ceux qui se sont immortalisés en
appliquant avec succès la méthode de raisonner des Mathématiciens à la Philosophie ; et réciproquement.

(b) *L'ordre Cosmographique* est celui qui regarde
la structure des formes distinctives de tout ce que
constitue l'Univers ; c'est-à-dire l'*Homologie-générale*
de toute sorte de production , considérée comme un
tout ou partie d'un autre ; (Voyez le parag. XVI et sa
note *Homologie*). Cet ordre fonde sa base sur la
ligne fondamentale de la *Cosmogonie* , qui est la
Science du système de la formation de l'Univers.

(a) ; soit dans l'ordre *Cosmogonique* , soit dans l'ordre *Cosmologique* de l'univers les erreurs les plus grossières , les équivoques les plus préjudiciables et les contradictions les plus incontestables auxquels sont très-souvent exposés les calculateurs de la méthode approximative au détriment de la vérité et de tout ce qui forme l'objet direct de leurs travaux.

II. Occupé donc à trouver dans la méthode des Mathématiciens du jour quelque erreur qui fût dans le même tems remarquable et universelle pour y fixer le Plan perspectif de ma démonstration ; procédant à cette recherche sur les traces de l'immortel *Instituteur de la Secte-Italique* (je veux dire de PYTHAGORE) ; et précisément sur une de ses plus intéressantes maximes.

„ Le plus beau présent que le ciel ait

(a) *L'ordre Cosmophysique* est celui qui regarde la nature des matériaux constitutifs de tout ce qui existe dans l'Univers ; c'est-à-dire l'*Homogénéité-générale* de

„ fait à l'homme , c'est d'être utile à
„ ses semblables et de leur apprendre la
„ vérité. „ J'ai senti s'éveiller en moi l'idée
de son *Théorème* si célèbre et d'un si
grand usage dans tous les traités de Mathématique ; *le Quarré de l'Hypotènuse (c'est-
à-dire), de la Base d'un triangle rectangle
ou rectiligne est égal aux quarrés de ses
deux côtés pris ensemble* ; Théorème, dont
à la gloire de l'Inventeur, et au profit de
la Société en général , je m'étais déjà depuis long-tems proposé de donner dans
mon Cours de Mathématiques et proprement dans la partie qui regarde *l'Arpentage (* que je me suis décidé à ne mettre au
jour qu'après avoir publié la Théorie de
la *Quadrature du Cercle)* non-seulement
une démonstration assurément contraire à

---

toute sorte de production , considérée comme un tout
ou partie d'un autre ; (Voyez le parag. XVI et sa note
Homogénéité). Cet ordre dirige son point de vue sur
celui de la *Cosmologie* , qui est la *Science de loix
générales par lesquelles cet Univers est gouverné.*

celle qui jusqu'ici a été donnée par la généralité des Mathématiciens qui ont fleuri depuis Euclide, mais la véritable démonstration, celle qui peut en un coup convaincre tous ceux qui la liront de l'insuffisante et apparente exactitude de la première, et de la légitimité du contentement, qui dans cette circonstance fut manifesté par Pythagore en sacrifiant cent bœufs aux Muses pour les remercier de l'avoir si bien inspiré (a); puisque si tout Mathématicien digne de ce nom si sacré, doit convenir que si ce n'est que par cette proposition,

---

(a) Il ne doit pas surprendre si parmi les Mathématiciens qui ont succédé à Pythagore n'a existé jusqu'à présent un seul qui ait vu sans étonnement la joie à laquelle il se livra par cette invention, quoique tous unanimement sur des avantages apparens ils en ont adopté la théorie : car, s'ils eussent arrivé à pénétrer tout de bon dans le tableau perspectif de ce Théorème le point de vue de son inventeur et le profit incalculable qu'on peut en tirer dans la Science des Mathématiques, pris sous son véritable aspect, non-seulement ils n'auraient pas trouvé irréconciliable avec son système de la trasmigration des âmes, le

que non - seulement nous pouvons parvenir
à mesurer exactement dans le Calcul Inté-

---

sacrifice de cent bœufs qu'il fit aux Muses pour les
remercier de l'avoir si bien inspiré, mais ils auraient
conçu au contraire qu'il a voulu faire connaître pour
cela dans la manière la plus spirituelle que la rédemp-
tion de la raison, enveloppée (depuis la chûte du
premier homme) dans le chaos de l'imperfection a
s'était enfin vérifiée, et que le *Système de la Métem-
psycose*, qui selon PYTHAGORE ne pouvait avoir
d'autre raison suffisante vis-à-vis les hommes que la
purgation, amélioration et perfectionnement de leur
esprit, venait déjà de terminer son cours; et que par
conséquent de ce point-là, tout homme qui était bête
devrait mourir tel et renaître de même, parce que
(malheureusement pour lui) il venait déjà d'être re-
connu dans la classe de ceux que le Grand Architecte
de l'univers condamna par la loi chimique de la Mé-
tempsycose à rester profanes pour toujours et comme
des êtres indignes d'entrer dans le tabernacle de la
raison, où n'est pas permis de s'introduire que simplement ceux qui, ayant été auparavant purifiés par la
preuve des quatre élémens, ont rendu leurs corps un
digne réceptacle d'une âme destinée à voir la brillante lumière du *Saint des Saints*, et à s'acquérir par
conséquent le droit légitime de travailler dans le
Cercle de la Quadrature, où ne peut puiser aucune
utilité que le *Parfait-Maçon-Compagnon-Géométre*, et
point du tout celui qui par des intrigues ou par le

gral ou Différentiel le plan géométral de toute sorte de production simple , mais

---

moyen de l'argent a obtenu ce grade sans en connaitre la raison suffisante. . . . . Et comme cet esprit de méthodologie qui m'a fait parvenir à la sublime découverte de la *Quadrature du Cercle* je ne l'ai pas acquis en plus grande partie , que dans l'application de la Géométrie aux travaux Maçonniques , et réciproquement ; outre qu'il est bien juste de faire une fois pour toujours connaitre aux profanes antagonistes de la Maçonnerie , que ce n'est que dans son sein seulement où l'homme qui désire faire le bien peut s'éclairer , et s'élever de la fange du vulgaire à la sublimité de la vertu morale et intellectuelle (savoir à la parfaite connaissance des Sciences divines et humaines en général) ; il est bien à propos également de faire savoir à tous les usurpateurs du titre très-sacré de la *Sagesse* ; à tous ces *Chevaliers-Rose-Croix* qui ne sont parvenus à ce haut grade dans les mystères Maçonniques que par la simple fatalité d'avoir eu de quoi payer le droit de réception et pour avoir trouvé de lâches et faux-frères qui , pour redoubler le nombre de leurs semblables , s'ont arbitré de les proposer appuyer et introduire au sein de cette enceinte où eux-mêmes en juste droit ne seraient pas dignes de s'approcher , qu'il est déjà temps de cesser par leur présence la profanation d'un ordre tout-à-fait hétérogène à la nature constitutive de leurs droits , et dont (pour ne pas avoir les qualités requises de par dans le Calcul Exponentiel le plan horizontal de toute sorte de production composée mise en perspective ; il n'est pas possible de disconvenir qu'elle seule est le *Compas de Proportion* (*a*) et le *Rapporteur*

---

fait Géomètre) ils n'ont pu jusqu'à présent , ni pourront jamais parvenir à sonder la raison suffisante de l'objet, qui n'est autre chose que le *Plan Géométral de la Gnomonique spécieuse* , (V. le tableau à la fin.) *appliquée aux trois branches de l'Architecture - Universelle* ; savoir: à la Morale, à la Politique et à la Littérature. Voilà comme ce n'étoit que très-sacré et fondé ; l'objet des frères Maçons qui travaillent sous les auspices de l'ordre , connu sous le titre de la *Réforme Germanique*, dont la révolution Française a entrecoupé les progrès .... Mais il faut espérer dans la bienveillance des véritables frères répandus sur la surface du Globe terrestre la renaissance de cet esprit Maçonnique qui, ramenant à une réforme très-nécessaire aux soutien et prospérité de l'ordre , peut seulement produire par ses rayons lumineux les sublimes progrès de la Science-Universelle et le bonheur social par conséquent.

(*a*) *Le Compas de Proportion* est un instrument de Mathématique composé de deux lames de laiton, ou de quelqu'autre matière solide , appellées *Jambes du Compas de Proportion* , dont les extrémités sont jointes en-

(*a*) aussi bien dans les démonstrations dépendantes de la Science de la Longimétrie et Planimétrie, que dans tout autre Théorème ou Problème dépendant de la Trigonométrie en général : et par conséquent on ne peut pas nier qu'il est de l'intérêt général de tous ceux qui professent les Mathématiques que cette proposition soit démontrée sous son véritable aspect , et dégagée de tous les faux corollaires, qui sont les conséquences nécessaires d'une faute fondamentale réduite en système , comme on doit réputer en général dans le plan Logico-Mathématique les fausses vérités dépendantes des démonstrations Théorématiques ou Problématiques du même genre.

---

semble par une charnière, à l'entour de laquelle elles sont mobiles ; sur ses jambes il y a de lignes droites divisées en parties égales et inégales, dont on se sert très-commodément pour la plus grande partie des opérations de la Géométrie-Pratique.

(*a*) *Le Rapporteur* est un petit demi-cercle fait ordinairement de laiton, et par lequel on mesure sur le papier les angles rectilignes.

III. En effet, si tout le monde doit confesser que l'opinion contre le fait ne vaut rien en matière de démonstration, et que les démonstrations soit théorématiques soit problématiques, appartenant à la partie sublime, ou bien à la partie élémentaire des Mathématiques, doivent toujours ramener à un axiome : lorsque sans contradiction (comme j'espère) j'aurai le bonheur de démontrer à évidence que la méthode approximative ne peut nous présenter que des axiomes apparens, c'est-à-dire, des résultats sophysmatiques, qu'il n'est pas possible de soumettre au Calcul de l'infini, pris sous son véritable aspect (*a*) sans qu'ils amènent des immenses ir-

---

(*a*) *Le Calcul de l'Infini* en juste idée, ce n'est que la Science par laquelle on apprend la Méthode-Pratique de proportionner à l'Infini (c'est-à-dire en croissant et en décroissant) d'un point quelconque d'un tout.

régularités, je crois qu'outre d'avoir rempli parfaitement mon but, j'ai dévoilé ce point de vue qui détermine l'autre de distance qui passe entre la méthode exacte et celle qui n'est que simplement approximative ; ou à mieux dire, entre la Méthodologie et l'Imméthodologie ; inconvénient très-remarquable dans la science reçue du Calcul de l'Infini appliqué à l'arpentage (a) qui a toujours plus ou moins régné dans la Science de la Géométrie, et encore plus lorsqu'on a voulu abandonner tout-à-fait le système fondamental des Egyptiens où la science des Mathématiques prit sa source.

IV. Un inconvénient de cette nature, cependant, ne dépendait chez les Anciens qui ont succédé à PYTHAGORE, que de

---

(a) *L'Arpentage*, ou *Planimétrie-Pratique* est la partie de la Géométrie qui nous enseigne à mesurer les surfaces.

s'être persuadés que la méthode Synthétique ,
par eux pratiquée était suffisante pour régler
la marche constante d'une démonstration
axiomatique ; dans les modernes de s'être
déterminés à abandonner tout-à-fait dans leurs
calculs la voie des premiers pour s'attacher
entièrement à la méthode Analytique. Mais
ils ont tort les uns et les autres ; et leur
tort dépend de n'avoir jamais songé à établir un système axiomatique résultant de
la méthode Synthétique apppliquée à l'Ana-
lytique, comme le calcul exponentiel de l'intégral appliqué au différentiel ; car, s'il faut
penser des mathématiques comme l'immortel
DESCARTES pensait de la philosophie, et sans
faire atttention aux diverses définitions données à la méthode Analytique et Synthéti-
tique par les Mathématiciens modernes et
anciens , se plier à suivre mon système et
caractériser la première l'*Art de différentier*

à l'infini tout ce qu'on peut soumettre au calcul intégral en y proportionnant géométriquement ses parties ; (en un mot *la méthode de résolution* ;) et l'autre *l'Art d'intégrer à* l'infini tout ce qu'on peut soumettre au calcul différentiel en y proportionnant arithmétiquement ses parties , (en un mot *la Méthode de Composition* :) on verra très-bien alors que le système axiomatique que j'entends établir (savoir *la Méthode de Résolution appliquée à celle de Composition*) ce n'est que *la Science Méthodologique* d'exposer à l'infini tout ce qu'on peut soumettre au calcul-différentiel et intégral en y proportionnant logarithmiquement ses parties : et on y verra, dans le même tems , combien est faux et extravagant (en l'examinant méthodologiquement) le système des logarithmes qui est journellement employé par l'ostentation des Mathématiciens du

jour ; ennemis de la *Quadrature du Cercle*
par cela seul qu'ils se reconnaissent incapables d'en établir l'invention ; ou de se
déterminer à abandonner leur système d'imméthodologie.

V. Jusqu'à présent, cependant, nous en
sommes sur un jeu de mots qui ne conduit à rien. Un bel esprit (me dit - on)
comme un géomètre quelconque peut également exposer le plan théorique d'Architecture le plus sublime et admirable ; mais
son exposition, ou plutôt l'Application-Ar-
chitectonique d'une telle planche ne pourra
être reconnue nécessaire et utile vis-à-vis
une autre qui est en usage pour l'adopter
en préférence , qu'après avoir manifesté
dans les formes légitimes non - seulement
l'irrégularité de celle qui est en pratique,
mais la perfection et régularité préférables
de l'autre qu'on prétend d'y substituer : et

ce n'est qu'à cette opération ici et point du tout aux projets et raisonnemens abstraits qu'on doit croire en matière de démonstration. . . . D'après cette réflexion qui entre parfaitement dans mon plan, je viens à l'exposition.

THÉOREME.

THÉORÈME.

VI. *Le quarré de l'Hypoténuse, (c'est-à-dire de la base du triangle rectangle ou rectiligne) est égal aux quarrés de ses deux côtés pris ensemble. (a)*

SA FAUSSE EXPOSITION.

Soit (dit-on) le triangle rectangle ABC (fig. 1.) dont l'angle A est droit , et le

---

(a) Voilà comme à peu près sous les mêmes expressions, déchirant l'objet axiomatique de ce Théorème) ont unanimement exposé et démontré cette proposition tous les Mathématiciens qui ont succédé à l'Auteur ; sans même en excepter l'immortel EUCLIDE, une des premières lumières des Sciences Mathématiques : et je dirai encore de plus, que si on refusait à PYTHAGORE la justice de croire qu'il l'entendait autrement que ses successeurs ; et que c'est à ces derniers que l'on doit la confusion et dépérissement d'une théorie si divine, nécessairement il faudrait supposer que, saisi par la joie, (comme un homme qui après une longue obscurité, découvre enfin la lumière),

A

côté BC l'hypoténuse.) qu'on décrive des quarrés sur les côtés BC , AB , AC : je dis que celui de la base BC sera égal aux deux autres AB , AC pris ensemble. Tirez la ligne ADF parallèle à BG et CE , et joignez les lignes AG , AE , IC , BK : je prouve que le quarré BAHI est égal au rectangle BGFD et le quarré CALK au rectangle DFEC ; et ainsi que le quarré BGEC est égal aux deux quarrés BAHI , CALK pris ensemble.

DÉMONSTRATION CORRESPONDANTE.

VII. Les triangles IBC , ABG ont les côtés AB , BI , GB , BC égaux : et les

---

il se hâta de publier son invention avant d'avoir saisi tout-à-fait la véritable beauté et l'étendue des rayons qui rejaillissent de son sein. Quant à moi, comme ce n'est que de ses mêmes expressions appliquées Logarithmiquement à mon système Méthodologique que j'ai dévoilé cette lumière qui m'a conduit aux vérités de la démonstration Critico-Mathématique que je dois présenter sur le sujet en question ; je ne sais par être injuste et me persuader même un seul instant, qu'il ait pu penser autrement que moi.

angles IBC, ABG sont égaux puisque cha-
cun outre l'angle droit contient l'angle
ABC; donc (par la 4.me du I.er livre d'Eu-
CLIDE) les triangles ABG, IBC sont égaux.
Or le quarré BAHI est double du triangle
IBC (par la 41.me du même liv. I.er d'Eu-
CLIDE) puisqu'ils ont la même base BI et
qu'ils sont entre les parallèles IB, AC,
Pareillement le rectangle BGFD est double
du triangle ABG, puisqu'ils ont la même
base BG et qu'ils sont entre les parallèles
BG, AF ; donc le quarré BAHI est égal
au rectangle BGFD; de même si les triangles ACE, KCB sont égaux (par la 4.me
suscitée) ; le quarré CALK est double du
triangle KCB et le rectangle DFEC double
du triangle ACE (par la 41.me également
suscitée) ; donc le quarré CALK est égal
au rectangle DFEC ; et par conséquent
les quarrés BAHI, CALK, sont égaux au
quarré BGFC.

AUTRE FAUSSE EXPOSITION.

VIII. Soit (dit quelqu'un autre) le triangle rectiligne ABC (fig. 2.) dont également l'angle A est droit et le côté BC l'hypoténuse : je dis que le quarré de BC, savoir BGEC est égal à la somme des quarrés BAHI, CALK qui sont les quarrés de deux autres côtés.

DÉMONSTRATION CORRESPONDANTE.

IX. Pour le démontrer du point A qui est le sommet de l'angle droit, je tire la ligne ADF perpendiculaire sur l'hypoténuse; elle partagera le quarré BGEC en deux rectangles BGFD, DFEC.

Il faut prouver que BGFD est égal à BAHI qui est le quarré d'AB; et que DFEC est égal à CALK qui est le quarré d'AC; c'est ce que je fais en cette manière. On a démontré que le côté AB est moyen proportionnel entre la base BC et la partie BD. Or BG = BC, donc BG, AB :: AB,

BD ; donc le produit des extrêmes est égal au produit des moyens. Or le produit des extrêmes est le rectangle BGFD, et le produit des moyens est le quarré BAHI ; donc le rectangle BGFD est égal au quarré BAHI. On a aussi démontré que l'autre côté AC est le moyen proportionnel entre la base CB et l'autre partie CD. Or CE = CB ; donc CE , AC :: AC, CD ; donc le rectangle DFEC qui est le produit des extrêmes est égal au quarré CALK , qui est le produit des moyens : nous avons donc le rectangle DFEC égal au quarré de CALK, et le rectangle BGFD égal au quarré de BAHI. Or ces deux rectangles sont les deux parties du quarré BGEC ; donc ce quarré qui est le quarré de l'hypoténuse est égal au quarré d'AB plus au quarré d'AC.

AUTREMENT.

X. Pour prouver encore mieux (suivent-ils à dire) que le quarré BGEC est égal à la somme des deux autres BAHI, CALK ; après avoir fixé la ligne ADF perpendiculaire sur l'hypoténuse , et sur GE, et par conséquent parallèle aux deux côtés BG , CE du quarré BGEC soient aussi tirées les lignes AG , AE , CI , BK ; on aura quatre triangles , dont les deux ABG, IBC sont égaux (car l'angle CBG est droit de même que l'angle ABI); et par conséquent en ajoutant de part et d'autre l'angle ABC , on aura l'angle total ABG égal à l'angle total IBC : d'ailleurs AB du premier triangle est égal au côté BI du second, parce que ce sont des côtés du même quarré. Par la même raison le côté BG du second. Donc les deux triangles ABG et IBC sont égaux en tout. Or le triangle ABG est la moitié du rectangle BGFD , parce que ces deux figures ont la même base BG , et sont entre les mêmes parallèles BG et AF. Pareillement le triangle IBC est la moitié du quarré BAHI à cause qu'ils ont la même base BI et qu'ils sont entre les mêmes parallèles BK et CH.

Par conséquent les deux triangles ABG,
IBG étant égaux, le rectangle BGFD est
égal au quarré BAHI.

XI. Quoique parmi la grande masse
des Mathématiciens qui ont enrichi par leurs
ouvrages la généralité des bibliothèques
publiques et particulières, on peut remarquer quelque petite différence sur la manière de conduire cette démonstration ; cependant (comme j'ai fait observer au commencement de la note du parag. VI.) La
conclusion étant en tous constamment la
même, à fin de réfuter pleinement leur
opinion, et les convaincre de l'erreur, je
crois inutile de rapporter ici aucune autre
des innombrables démonstrations fausses et
contradictoires qui existent sur l'objet en
question.

XII. Néanmoins pour cette assertion, je
ne supporterai pas impunément le nom de
téméraire de la part de ceux qui préten-
dent juger par l'opinion, ce qui ne doit
être résolu qu'à l'aide de la raison. Je ne
crains pas de le répéter encore ; les rap-

ports de la méthode approximative ne doivent être regardés dans le calcul *Logico-
Mathématique* (*a*) que comme des mesures
abstraites et capricieuses, résultantes des
transactions arbitraires et inconsidérées que
se sont permis d'introduire dans la Science
du Calcul, ceux qui se croient les pro-
priétaires exclusifs des rayons, dont cette
science éclaire les mortels ; sans réfléchir
que la Géométrie, pour être le tableau
qui dévoile le point de vue, où les vivans
peuvent découvrir le véritable jour dans le
vaste hémisphère des connaissances humaines, n'est cependant, que le soleil rejaillis-
sant de la vérité, dont la propriété exclu-
sive n'appartient qu'au Grand-Architecte de
l'Univers ; et dont l'homme qui sait suivre
les loix régulières et parfaites dévoilées aux
Philosophes par le système de la nature (*b*)

____

(*a*) C'est-à-dire : *Logarithmique.*

(*b*) Pour système de la nature, loin de prétendre
me rapporter au livre publié sous ce titre par M. de
MIRABAUD, un de ces écrivains qui pour vouloir faire

est le seul digne et légitime dépositaire.

XIII. Il est vrai que si les Mathéma-

---

les beaux esprits ont donné dans l'extravagance) je
n'entends que l'ordre *Architectonique*, c'est-à-dire,
Cosmogonique et Cosmologique de l'Univers, (V. les
deux dernières notes du §I.) ; et pour justifier mon assertion, je me crois dans le droit de faire observer, que si
chacun de ceux qui sont pour le système de M. DE
MIRABAUD ont bien raison de soutenir qu'il est impossible de donner affirmativement une idée axiomatique de ce que c'est l'esprit qui anime le physique
des hommes ; chacun doit confesser néanmoins, que le
corps dont l'homme est composé a des attributs,
propriétés et qualités en lui inhérentes qui le dis-
tinguent de la simple matière, non-seulement, mais
de tous les autres animaux qui sont incapables d'une
éducation parfaite, c'est-à-dire qui n'ont copulativement la faculté d'instruire et de recevoir l'instruction
et par conséquent de cette distinction (qui doit faire
évanouir tous les sophismes énoncés par ces soi-disans
Philosophes qui ont prétendu fixer une analogie entre
l'âme de l'homme et celle de la brute) se convaincre
que lorsque M. DE MIRABAUD a dit dans le *Chap.*
Ier. de son ouvrage. " On a visiblement abusé de la
„ distinction que l'on a faite si souvent de l'homme
„ physique et de l'homme moral ; „ afin d'en tirer cette
„ maxime très-absurde : „ l'homme est un être pure-
„ ment physique, qui n'est moral que considéré sous
„ un certain point de vue, c'est-à-dire relativement
„ à quelques-unes de ses façons d'agir dues à son or-

ticlens du jour eussent pu réellement prouver sur le sujet en question ; ce qu'ils

---

„ ganisation particulière „ non-seulement il n'a fait
qu'abuser lui-même des lumières que la raison lui
avait données pour en former des sophysmes et dégra-
der la dignité humaine, mais il a prouvé clairement
qu'il n'avait aucune connaissance de *l'Algèbre-Spécieuse*
et du *Calcul de l'Infini* appliqués à *l'Architecture-
Universelle* (sciences très-essentielles pour un sage
critique, comme doit être tout homme qui se détermine à produire un ouvrage qui a pour titre *le Système de la Nature*) : parce que il aurait dû dire au
contraire, que „ l'homme est un être purement mo-
„ ral qui n'est physique que considéré sous un cer-
„ tain point de vue , c'est-à-dire relativement à son
„ étendue , qualité qu'il a reçue de la nature de même
„ que tout être simplement matériel ou animal, comme
„ l'instrument qui doit lui servir à l'aider dans ses
„ actions morales „. Puisque on ne peut considérer
un seul instant l'homme comme un être capable de
produire une action simplement physique qu'en dé-
truisant entièrement la nature constitutive de son
essence , qui pour la faculté d'instruire et être instruit
copulativement qu'elle renferme vis-à-vis son Créateur
et les autres créatures; en général a des rapports visiblement divers de tous les autres membres , de différente nature ou espèce qui composent l'Universalité des
êtres qui existent et habitent sur la surface de la terre.
Voilà ce que , faute de Méthodologie , a produit
l'imperfection du calcul sur lequel est fondé la fausse

donnent dans le discours de leur démonstration comme une vérité axiomatique (a);
c'est-à-dire que les deux rectangles BGFD,
DFEC sont égaux en valeur aux quarrés
BAHI et CALK formés sur les deux côtés
AB et AC (fig. I. et II.); personne n'aurait pu de bonne foi et avec avantage attaquer leur opinion : la chose alors aurait
été aussi claire en leur faveur qu'il est certain que *deux* et *deux* font *quatre*; et 'il
serait très-incontestable que le quarré BGEC
de l'hypoténuse BC est parfaitement égal à
la somme des deux quarrés BAHI et CALK
des deux côtés AB et AC. Mais ! ....
C'est ici de *Moulin à Vent* (comme
disaient les Anciens) si ne voulons pas

base du fameux Système de M. DE MIRABAUD ; et
combien il est prouvé que la Méthodologie est indispensablement nécessaire non-seulement au simple dé-
veloppement des Mathématiques, mais à l'éclaircissement général de toute autre branche de Science, Art,
ou Métier que ce soit, pour ne pas s'égarer du droit
chemin.

(a) *Vérité-Axiomatique*, c'est-à-dire prouvée déjà.

dire le *Pont aux ânes* (a). . . . . Cette assertion n'est pas moins fausse que celle qui en est la base ; je veux dire celle qui appuyée sur la *Proposition* 41.*me du liv.* I.*er* d'EUCLIDE a donné lieu à l'autre sophisme mal conçu, qui est l'antécédent de celui-ci, savoir, que les quarrés BAHI, CALK sont le double des triangles IBC, KCB ; et que les triangles ABG, ACE sont la moitié des rectangles BGFD, DFEC, ce qui sera pleinement démontré dans le cours de l'ouvrage. . . . .

XIV. En effet ; comment (pour soutenir leur assertion) pourront mes contradicteurs, ou qui que ce soit autre, prouver dans les formes l'analogie de valeur que les Mathématiciens du jour ont prétendu trouver entre le quarré BAHI et le rectangle BGFD ; et entre le quarré CALK

(a) Voyez le *Traité X*, *Chap. III*, *Art. II*, des cinquante-cinq traités du livre anonyme, imprimé à Paris l'an 1728 chez PIERRE-SIMON, Imprimeur du Clergé de France et du Parlement, qui a pour titre, *Mathématique-Universelle*.

et le rectangle DFEC ; ou même celle des rapports homologues entre les quarrés et rectangles énoncés et les quatre triangles IBC, KCB, ABG, ACE sans avoir encore établi dans la Science du Calcul un système général et logarithmique de réduire exactement à l'infini sous le même exposant ou dénominateur toute sorte de production ou parties d'une ou plusieurs productions de genre différent ?...... Et que dis-je d'un tel système, aussi utile et qui est le point de visée de *la Quadrature du Cercle* !...... Comment, s'il n'existe pas encore dans la grande masse des Théorèmes Mathématiques, qui sont d'usage jusqu'à présent, le système logarithmique de proportionner exactement à l'Infini tout ce qui est de la même espèce et du même genre ?... Comment, dis-je, pouvoir parvenir à une semblable opération ?.....

XV. Quel étonnement, donc, si ceux qui par ignorance, ou par paresse sont ennemis du système d'exactitude, et qui n'exercent dans leurs calculs aucune espèce de

Méthodologie ; ceux qui proportionnent les
cercles différens par les *Lunules d'Hypocrate* ;
erreur qui est l'immédiate conséquence de
la fausse démonstration du Théorème de
l'hypoténuse, et de ne pas savoir proportionner entr'elles , ni à l'infini , ni définitivement , les racines , grandeurs ou puissances
de la même espèce et du même genre (ce
qu'également , je me charge de démontrer
avant de terminer cet petit essai) ; ceux
enfin , sur le compte desquels il suffit de
faire remarquer pour en balancer le mérite ,
qu'en refusant à l'*Unité* le droit logarithmique (sans vouloir concevoir que ce chif-
fre quoiqu'il soit l'infiniment petit des nombres entiers est l'infiniment grand des nombres fractionnaires) ils n'ont pas seulement
refusé le logarithme à toutes les fractions ;
mais à tous les nombres entiers qui ont
un exposant négatif, c'est-à-dire, qui sont
parties d'un tout quelconque envisagé
comme *Unité élevée à la puissance zéro* ;
à moins qu'on ne voulût leur faire le tort
de croire qu'ils aient pu imaginer un Sys-

tême algébrique qui donne le logarithme aux parties d'un tout, en le refusant à celui-ci : inconséquence qui ne serait pas moins remarquable que celle qu'on peut relever (méthodologiquement parlant) dans le livre qui a pour titre *les Elémens* d'EUCLIDE, *expliqués par le* P. DECHALLES, *édition neuve*, *corrigée et augmentée par* M. OZANAM; où (je ne saurais pas dire, si par la faute de l'Auteur, ou celle de l'éditeur) on lit dans les *Définitions préliminaires du Liv. cinquième* la remarque la plus opposée aux principes généraux de calculer ; savoir : *Que deux grandeurs peuvent être commensurables en puissance et non pas en racine*..... Quel étonnement donc, dis-je, que tous ceux-ci regardent comme introuvable la *Quadrature du Cercle*, théorie par laquelle il ne suffit pas seulement de savoir réduire à l'infini sous le même exposant ou dénominateur toute sorte de production simple ou composée de même genre; ce qui n'est qu'une pure opération *Orto-*

dromique (a) mais encore savoir trouver la méthode exacte d'appliquer le système que nous venons d'exposer à toute sorte de production simple ou composée de différente espèce ; ce qui est une opération tout-à-fait *Loxodromique.* (b)

XVI. Ce n'est donc qu'au moyen de la *Méthodologie* qu'on peut rectifier dans les opérations des Mathématiques-Appliquées, aussi bien l'*Homogénéité* (c) qui doit se rencontrer entre les matériaux du Calcul qui sont les racines, grandeurs et puissances d'une même production , pour en déter-

---

(a) *Ortodromique*, mot dérivatif d'*Ortodromie* qui dans la Science de l'*Hystiodromie*, c'est-à-dire de la Navigation , signifie route en ligne droite , est pris ici allusivement pour désigner l'*Opération directe.*

(b) *Loxodromique* , dérivatif de *Loxodromie* qui en terme de marine, signifie route en ligne courbe , est également pris ici pour faire allusion à l'*opération indirecte.*

(c) *Homogénéité*, c'est-à-dire de la même nature : elle suppose dans son concours la convenance du genre et de l'espèce entre les matériaux ou formes qui constituent un tout quelconque.

miner

miner leur valeur exacte , que l'*Homologie* (a) qui doit se passer entre les formes
correspondantes sous lesquelles les matériaux
des différentes productions doivent s'envisager pour en déterminer exactement les
rapports respectifs ; et produire ainsi cette
Analogie (b) constitutive de la convenance
qui doit se passer entre la *matière* et la
forme, ou si vous voulez , entre la *valeur*
et les *rapports* de telle production que ce
soit : convenons , qui (non moins que
l'harmonie théorique et pratique dans la
Science qui recherche et explique les pro-

(a) *Homologie* , c'est-à-dire de la même espèce ;
et elle réclame la convenance de la nature et du genre
entre les formes de matériaux qui désignent un tout
quelconque.

(b) *Analogie* , c'est-à-dire du même genre ; et
elle exige la convenance aussi bien de la nature de
l'espèce ; savoir : cette harmonie qui doit se passer entre
les matériaux homogènes qui constituent la valeur, et
leurs formes homologues, qui désignent les rapports
d'un tout quelconque , vis-à-vis ses parties ou les
parties d'un autre ou plusieurs autres de la même
nature et de la même espèce.

B

priétés des sons) doit briller au sein des opérations dépendantes de la Science du calcul entre un tout et ses parties , ou celles d'un autre de la même nature et de la même espèce.

XVII. Or, si ce n'est qu'à l'aide de la rectification dont je viens d'exposer le tableau théorique qu'on peut se flatter de cet esprit d'exactitude , qui dans l'application doit briller sur toutes les branches de la Science du calcul (si nous ne voulons pas faire croire que son véritable objet , loin d'être celui de découvrir la vérité, n'est que le point de vue de confondre et affliger l'entendement humain par des cercles vicieux , pénibles et inutiles dans le même tems) ; convenons de bon gré que la Science du calcul, qu'on veut faire regarder en ce moment comme élevée au plus haut degré de perfection , n'est que dans l'abîme le plus horrible de l'irrégularité et de l'enveloppement ; et cela à cause de tous ces soi-disans Mathématiciens qui professent leur discipline de même que les maçons indignes de voir la lumière , exercent les travaux allégoriques et mystérieux , attachés à leur ordre : tandis que moi pour ne pas laisser davantage les lecteurs de ce petit et faible essai dans l'attente de mes promesses , je vais à dévoiler déjà la véritable *Démonstration-Axiomatique* du *Théorème de* PYTHAGORE sur le *quarré de l'hypoténuse.*

XVIII. Néanmoins , auparavant de commencer mon travail pour mieux intéresser et persuader le public de la nécessité et utilité d'introduire dans les branches de la Science du calcul le *Système-Méthodologique*, après en avoir donné par la note (*a*) du parag. Ier. une définition la plus analogue à son sujet, cherchons à faire goûter ici l'idée claire et distincte de ce que sont les principes dans lesquels ce système prend sa raison suffisante.

XIX. Si la *Méthodologie* , comme nous venons de dire , n'est que la Science de la *Perspective-Pratique* , c'est-à-dire , le *Plan-Géométral* qui détermine la *Base* constitutive du *Plan-Objectif* de toute sorte de production appliquée aux Mathématiques en général ; les principes où elle puise sa raison suffisante (qui ne sont que les lignes horizontales de la Science - Universelle) ne peuvent ni doivent être autre chose que les *Lignes-Géométrales* et *Verticales* qui constituent la base et la hauteur dans une figure plane , c'est-à-dire la largeur et longueur dans la Science des surfaces , qui est le *Plan-Horizontal* de la *Science-Universelle.*

XX. Or , si les principes où la Méthodologie prend sa raison suffisante sont les lignes horizontales de la Science-Universelle , avant de commencer l'exposition régulière et la démonstration axiomatique du Théorème de l'*Hypoténuse* , examinons sur son *Plan-Géométral* quel put avoir été le véritable *Plan-Objectif* où PYTHAGORE fixa son point de vue en achevant cette invention. En voyant la chose méthodologiquement, ce n'est rien autre, à coup sûr , que la simple idée de produire, pour le bien de la Science du calcul et le profit de l'humanité , un *Système - Exponentiel de propor-*

tionner à l'Infini tout ce qui par sa nature est capable de diminution et accroissement ; ou différemment ; Une théorie infinitésimale d'appliquer, en croissant et décroissant, la méthode de résolution à celle de composition fondée sur la base axiomatique de la proportion arithgéométrique (a) : « Le tout est à

(*a*) On ne connait pas encore dans la Science du calcul la raison, proportion et progression *arithgéométrique* : et je me permets de dire qu'il est aussi inutile dans ce cas d'en connaître *l'arithmétique* et la *géométrique*, comme il est inutile dans une opération mathématique quelconque de connaître les rapports respectifs des parties composantes sans pouvoir déterminer la valeur de leur tout. Il faut se persuader que comme le *Calcul-Exponentiel* est le résultat parfait de l'*Intégral* appliqué au *Différentiel*, de même la raison, proportion ou progression *arithgéométrique* sont le résultat parfait des raisons, proportions ou progressions *arithmétiques* appliquées aux *géométriques* ; parce que si ce n'est que par le *Calcul-Exponentiel* qu'on peut rectifier l'analogie de valeur qui doit se rencontrer entre les matériaux et les formes différentes d'une seule production ; ainsi ce n'est que par la proportion *arithgéométrique* qu'on peut établir l'analogie des rapports qui doivent se trouver entre les parties homogènes et homologues de différentes productions mises en comparaison sur le tableau de

» *ses parties, comme celles-ci à leur tout* »
Tous ces principes fixés , commençons à
les appliquer au Théorème en discussion
en suivant les règles de la Méthodologie.

---

la *Proportion par égalité bien rangée* , pour pouvoir
établir sur elle la démonstration de la *Réduction à
l'absurde* : en un mot elle est dans la même proportion par égalité bien rangée avec la Géométrique et
l'Arithmétique ; comme l'*Équation affectée par addition et par soustraction* , avec celles qui sont affectées
simplement de l'une ou de l'autre façon.

THÉORÈME.

XXI. *Le quarré de l'Hypoténuse (c'est-à-dire, celui qui est formé sur la base d'un triangle rectangle ou rectiligne), est égal en valeur aux quarrés de ses deux côtés pris ensemble.*

EXPOSITION MÉTHODOLOGIQUE.

Soit le triangle rectangle ou rectiligne ABC (fig. I. et II.) dont l'angle A est droit et le côté BC l'*Hypoténuse* : qu'on décrive le quarré BGEC sur l'*Hypoténuse* BC. Je dis que ce quarré au lieu d'être égal en valeur aux quarrés BAHI , CALK décrits sur les deux jambes AB , AC du triangle donné (comme démontrant ce Théorème ont prétendu de faire accroire tous les célèbres Mathématiciens qui ont succédé à l'inventeur); il n'est égal qu'aux quarrés DOMC , NGFO , décrits sur deux lignes égales en valeur à la somme exacte de deux Segmens BD, DC de l'*Hypoténuse* BC....... et que la chose soit ainsi.

LEMME.

XXII. Si le *Plan-Géométral* (ce qu'il faut toujours établir avant de commencer une *Opération Méthodologique*); si le *Plan-Géométral*, dis-je, sur lequel est fondé le Théorème en perspective, n'est que la *Proportion - Arithgéométrique* résultante de la *Méthode-Zététique* appliquée à l'*Axiome* : « Le tout est à ses parties, comme celles-„ ci à leur tout „ : il doit être incontestable que le *Plan-Objectif* de son invention ne peut avoir eu un autre point de vue que de produire à l'appui de l'*Equation* constitutive d'un problème quelconque, la *Méthode - Exégétique* d'appliquer exactement au *Calcul de l'Infini* la *Théorie-simple* : « Si „ à deux ou plusieurs *grandeurs de nature* „ *homogène*, qui soient les parties consti-„ tutives d'une *puissance représentative de*

» leur *homogène de comparaison*, sera unie
» ou soustraite une *Puissance-Homologue*,
» le résultat de cette opération sera tou-
» jours *Arithgéométriquement - proportionnel*
» (comme il l'était avant) à la somme ou
» au résidu qui devra résulter en ajoutant
» ou défalquant de la *Puissance qui repré-*
» *sente l'Homogène de comparaison* les par-
» ties constitutives de la *Puissance - Homo-*
» *logue* ». Pour en tirer l'autre de *Compo-*
sition : « Si deux ou plusieurs *grandeurs*
» *d'une espèce - homologue,* qui soient les
» parties constitutives d'une *Puissance re-*
» *présentative de leur homologue de comparai-*
» *son,* seront respectivement envisagées
» comme *grandeurs élevées à la Puissance*
» *zéro*; à quelle que ce soit autre *Puis-*
» *sance* que de ce point-là, aussi les parties
» correlatives, que leur tout seront élevés
» ou rabaissés à l'infini ; ils seront toujours
» en *Proportion-Arithgéométrique*, comme
» ils devaient l'être avant. » Parce qu'il est
très-certain par le *Théorème de la proposi-*
tion I. du Liv. V. d'EUCLIDE (qui peut-

être est la plus incontestable de ses théories Mathématiques où il ne se soit pas trompé à l'ordinaire) que ; *Deux raisons composées sont égales entre elles , lorsque les raisons composantes de l'une sont égales aux raisons composantes de l'autre, chacune à chacune.*

XXIII. Or, si le *point de vue* du *Plan-Objectif* du Théorème en discussion est tel ; pour contester si c'est moi , ou les Mathématiciens du jour qui se trompent en déterminant l'*Analogie de valeur* qui doit se passer entre le quarré BGEC et ses véritables parties composantes, (que je soutiens , d'être les deux quarrés DOMC , NGFO,) ; l'opération sans doute ne doit se borner à autre chose qu'à rectifier méthodologiquement par les *Rapports-composans* et *composés* qui dans les *Opérations Théoriques* doivent respectivement se rencontrer entre les *Matériaux* et *Formes homogènes* et *homologues* d'une production quelconque , ceux qui dans les *Opérations-Pratiques* doivent réciproquement se passer entre les *matériaux* et *formes homogènes* et *homologues* , *simples* et *composés* d'une *Production-déterminée* : et de tout cela par les *Rapports-composans* et *composés des matériaux* qui constituent le quarré BGEC et les deux autres DOMC , NGFO , mis réciproquement en comparaison avec leurs *formes correlatives*, *l'Analogie-exacte de leur valeur*. .... (*a*) ; venons à présent après un brief avertissement à la .. . .

DÉMONSTRATION-AXIOMATIQUE.

XXIV. Si les Mathématiciens du jour

(*a*) AVERTISSEMENT.

Puisque je n'ai pas encore donné au jour mon système complet de *Méthodologie-générale* ; système que je crois très-nécessaire et indispensable dans l'application de la *Géométrie-Spéculative* à la *Pratique* ; je croirais laisser en simple assertion et point du tout *Synthétisés* et *Analysés* en forme plusieurs principes qui sont de mon invention tout-à-fait, (ou qui regardant la *Science du Calcul* qui est d'usage méritent à l'égard des commençans quelque explication) si par le moyen de quelque éclaircissement j'omettais d'exposer les *Définitions* opportunes à faire bien saisir les idées constitutives d'un *Système - Méthodologique* inconnu jusqu'ici. Cependant , pour me rendre plus clair et précis , n'ayant pas voulu envisager la *démons-*

(qui, quoique plongés dans leur *Méthode Approximative* ont pourtant vu quelquefois des rayons de la brillante lumière) n'ont cessé jamais d'unanimement avouer et insinuer par leurs ouvrages et leçons, que les règles théoriques de la *Proportion par égalité bien rangée* sont essentiellement nécessaires pour *réduire à l'absurde une équation* quelconque : on doit convenir que pour démontrer exactement sur le tableau du *Calcul de comparaison*, *l'analogie de valeur* qui doit ou peut se passer entre deux *grandeurs de la même nature*, espèce ou *genre*, *et la puissance* qui est son *homogène*, *homologue* ou *analogue de comparaison*, il est indispensable de ne pas s'éloigner un

---

tration-axiomatique, qui est sous le *Point de visée*, de tout ce qui aurait pu entrecouper le cours à la perception des idées : je me fais un devoir de prévenir les lecteurs de ce petit essai de se rapporter à la fin de l'ouvrage où je placerai un tableau détaillé fait par ordre alphabétique, pour donner les *Définitions* et *Explications* de tous les mots, phrases et descriptions qui faute d'annotations pourroient embarrasser leur perspective.

seul instant de la marche qui prescrit la proportion énoncée. Or, si la chose est ainsi; et la base BC du quarré BGEC est sur le *Tableau-Algébrique de l'équation-pri-mitive*, l'*homologue de comparaison* de deux bases DC, NO des quarrés DOMC, NGFO ; et ces dernières bases, outre qu'elles sont sur le tableau énoncé *homologues* et *analo-gues* entr'elles (puisque les deux *Coefficiens de même espèce* et *genre* qui déterminent le résultat arithgéométrique de l'*Equation-sim-ple*) elles sont sur le tableau de l'*Equation-dérivative*, *analogues* aux deux segmens BD, DC de l'*Hypoténuse* BC (puisque les deux *Coefficiens de même genre* qui dé-signent le résultat arithgéométrique de l'*E-quation-composée*) : étant incontestable que les deux segmens BD, DC de l'*Hypoténuse* BC sont sur le *Tableau-longimétrique* de la *Proportion par égalité bien rangée*, non-seulement *analogues* aux deux bases DC, NO des deux quarrés DOMC, NGFO, mais *homogènes* à la base BC du quarré BGEC : et que cette base BC est aussi bien sur le *Tableau-longimétrique* de la même proportion, que sur le *Tableau-Algébrique* de *l'Equation-primitive* et *dérivative*, non-seulement *l'homogène de comparaison* des deux segmens BD, DC de l'*Hypoténuse* BC (puisque *l'exposant de même nature* qui détermine entre les *Coefficiens homologues et analogues la valeur-homogène de l'équation simple et composée*) mais de *genre homologue et analogue dans le même tems* aux bases DC, NO des deux quarrés DOMC, NGFO.... Reste dans les formes, donc (à l'appui du *Théorème de la proposition II. du liv. V.* d'EUCLIDE, ,, les raisons qui sont égales à ,, une troisième sont égales entre elles ,,) axiomatiquement prouvé de mon côté, que la base BC du quarré BGEC est vis-à-vis celles des deux autres quarrés DOMC, NGFO, non-seulement *l'homologue* et *l'ho-mogène*, mais leur *Analogue de comparaison*: et par conséquent (puisque dans les *Equa-tions-composées* la raison des bases est *har-moniquement - proportionnelle* à celle des quarrés respectifs) que le quarré BCEC

de l'*Hypoténuse* BC est *l'Analogue de com-*
paraison, c'est-à-dire, le *produit de ses deux*
côtés *Coefficiens* DOMC, NGFO, formés sur
les deux segmens de l'*Hypoténuse* énoncée,
parce que le *terme connu d'une équation*
de second degré, vis-à-vis, les *racines-véritables*
qu'en désignent *les inconnus*.... Egalement que
reste de la même teneur démontré contre l'opinion générale des mathématiciens du jour que
l'égalité de valeur qu'ils ont prétendu établir entre le quarré BGEC et les deux autres BAHI, CALK, n'est qu'un *rapport*
imaginaire fondé sur *l'Analogie fausse et*
apparente qui se passe entre l'*Hypoténuse*
BC, et les deux jambes AB, AC du triangle soit rectangle, soit rectiligne ABC : et
tout cela premièrement, parce que, quoique
l'*Hypoténuse* susdite soit d'une *espèce-homo-*
logue à celles-ci, cependant elle ne cesse
d'être d'un *genre-opposé*, et par conséquent
d'analogie-apparente vis-à-vis ses prétendues
parties ; secondement, parce que la somme
de ces dernières (soit qu'on veuille envisager l'*Hypoténuse* comme *une des quatre*

cordes *d'un quarré-inscrit* ; ou qu'on veuille l'envisager comme *une tangente d'un quarré circonscrit*) elle n'est dans le premier cas que comme le *rayon* d'un *cercle* quelconque vis-à-vis son *apothème* ; et dans le second comme une *sécante* d'un *cercle* quelconque vis-à-vis son *rayon* : et conséquemment, outre que d'apparente et fausse analogie, d'un genre tout-à-fait irrégulier et incompatible dans un Théorème, qui, comme nous venons de dire au commencement, a son *Plan-géométral* fondé sur la *Proportion-Arithgéométrique* résultante de la *Méthode-Zététique* appliquée à l'axiome : " Le tout „ et ses parties sont réciproquement dans „ la même raison...... „ Ce qu'il fallait démontrer.

XXV. Mais tout cela ne suffit pas pour une *Démonstration-Planimétrique* où le résultat des *rapports-longimétriques* (qui caractérisent les matériaux d'une surface dans *l'équation-dérivative*, et qui ne lui permettent pas de s'élever au-delà de ce qui doit déterminer la *base d'un plan*) est vis-à-vis la

valeur

valeur des *Planimétriques* (qui en désignent les formes dans *l'équation - primitive* , et qui, outre la *base d'un plan* , doivent s'élever pour en déterminer la *hauteur*) comme la *raison-simple* à la *composée*. Ayant donc fixé par le moyen des *bases respectives* , non-seulement l'*analogie* parfaite de la valeur et des rapports qui se passent entre les *matériaux* qui constituent le *quarré* BGEC et les deux autres DOMC , NGFO , mais le manque de cette *triple - caractéristique* qui se trouve entre les *matériaux* du premier de ces trois *quarrés* et ceux de deux autres BAHI, CALK, passons à examiner par le moyen de la *hauteur-correspondante* l'analogie de la *valeur* et des *rapports* qui doivent se rencontrer entre les *formes-corrélatives des matériaux composans* et *composés* de trois *quarrés* BGEC, DOMC , NGFO , et le manque de la *triple-caractéristique* , par conséquent, qui doit se rencontrer entre le premier et ses deux prétendus composans BAHI, CALK.

XXVI. Non moins que sa *base* (comme

nous venons de faire observer) la *hauteur*
CG du *quarré* BGEC est sur le tableau du
Calcul-Intégral exactement égale en valeur
à la somme des *Diagonales* CO , OG de
deux *quarrés* DOMC , NGFO ; et par
conséquent, outre que leur *Homologue*, elle est
leur *Analogue de comparaison* (parce que ces
dernières , sur le *Plan de l'équation primitive*
soumise à l'*Arpentage* , étant par leur nature
constitutive *Arithgéométriquement - propro-
tionnelles* à deux segmens de la *Diagonale*
CG , non-seulement prouvent comme les
deux *parties-composantes* d'un tout vis-à-vis
leur *composé* la parfaite *Homogénéité des rapports homologues* et *analogues* qui doivent se
rencontrer entre les *formes* dont sont envisagés les *matériaux* d'un tout et ceux de
ses parties corrélatives pris ensemble lorsqu'ils sont soumis au calcul sur le *Plan de
l'équation-dérivative* ; mais que la *Diagonale*
CG du quarré BGEC est *l'Homogène de
comparaison* de celles qui constituent la
hauteur des deux *quarrés* DOMC , NGFO
formés sur deux *segmens* de l'*hypoténuse*

BC : et qu'au contraire aussi bien sur le premier plan que sur le dernier, il ne se rencontre aucun *rapport - arithgéométrique* entre la *Diagonale* CG et la somme de deux autres qui constituent la *hauteur* des deux *quarrés* BAHI , CALK décrits sur les *jambes* AB , AC du *triangle* ABC ; parce que la somme de ces dernières n'étant égale en valeur qu'à la *Diagonale* HG du *quarré* PGCH ne peut pas nous faire remarquer autre chose que le *rapport-différentiel* qui doit toujours indispensablement se rencontrer entre deux *quarrés* dont un soit décrit sur *l'Hypoténuse* et l'autre sur une *ligne* égale à la somme des deux *jambes* d'un même triangle rectangle ou rectiligne ; et par conséquent, le *rapport-imaginaire* de cette *Analogie fausse* et *Apparente*, qui, dans les opérations régulières, ne doit se rencontrer jamais entre les *formes* dont les *matériaux* d'un tout et ses parties composantes sont envisagés.

XXVII. Or, s'il est vrai que l'*Analogie de valeur* ne peut pas s'établir dans les opérations *longimétriques* fondées sur la *proportion par égalité bien rangée* qu'en procédant par les *rapports-homologues* à la *valeur-homogène* ; et de celle-ci aux *rapports-analogues* des *matériaux-simples* qui constituent *l'équation-dérivative* , et réciproquement : et dans les opérations *Planimétriques* fondées sur la même proportion qu'en procédant par les *rapports-homogènes* à la *valeur - homologue* et de celle-ci aux *rapports-Analogues* des *matériaux - composés* , je veux dire des *Formes* qui constituent *l'Equation - primitive* , et réciproquement : ayant axiomatiquement démontré en faveur de ma *thèse* , non-seulement *l'analogie des rapports - longimétriques* qui existent entre la *base* BC du *quarré* BGEC et la *valeur* des *bases* DC, NO de deux *quarrés* DOMC, NGFO (parce que la somme de ces dernières sur le *Plan de l'équation-dérivative est arithgéométriquement - proportionnelle* à la *valeur* de la première , comme les deux segmens d'une *Tangente* pris ensemble vis-à-vis leur tout) ; mais *l'Analogie de rapports-*

planimétriques qui se rencontrent entre la *hauteur* CG du *quarré* BGEC et la *valeur des diagonales* CO, OG des deux *quarrés* DOMC, NGFO (parce que la somme de ces dernières dans le *Plan de l'équation-primitive* est *arithgéométriquement-proportionnelle* à la *valeur* de la première , comme les deux segmens d'une *co-sécante* pris ensemble vis-à-vis leur tout) : il est, par conséquent, démontré avec la plus grande exactitude non-seulement l'*Hétérogénéité* et *Hétérologie* des *matériaux* et *formes*, *composans* et *composés* qui se rencontrent entre le *quarré* BGEC et ses prétendues parties BAHI , CALK (ce qu'il fallait démontrer en second lieu) ; mais que toutes sortes de démonstrations géométriques, pour conduire à l'*axiome*, doivent être réglées d'après les trois maximes suivantes, que (par une *déduction très-logarithmique* de la *théorie-exponentielle* (de mon invention) fondée sur la *proportion-arithgéométrique* : " La va-" *leur-analogue* d'un tout quelconque est à ses " *rapports-corrélatifs* , comme le résultat des

» *rapports-homologues* d'un autre à lui sem-
» blable, l'est à sa *valeur homogène* » : je
place ici comme les *trois Corollaires* rejaillissans de *trois fois trois Théorèmes-axio-
matiques*, qui sont la *ligne fondamentale*
de la *Méthodologie* appliquée aux mathématiques en général.

COROLLAIRE I.er

XXVIII. Si dans les *opérations - indéterminées* fondées sur *l'équation-primitive*,
il faut procéder en décroissant, c'est-à-dire,
de la *puissance* aux *racines*; de même que
dans celles fondées sur *l'équation-dérivative*
en croissant, c'est-à-dire, des *racines* à la
puissance : de même dans les *opérations-
longimétriques*, il faut procéder de la *cause*
à *l'effet*, c'est-à-dire, des *matériaux* aux *formes*;
de même que dans les *planimétriques* de
l'effet à la *cause*, c'est-à-dire, des *formes*
aux *matériaux*.

COROLLAIRE II.

XXIX. Si le *rapport-différentiel* exact ¿ qu'on doit concevoir sur le tableau de la *proportion par égalité bien rangée*, entre un *quarré* formé sur l'*Hypoténuse* d'un *triangle-rectangle* ou *rectiligne* quelconque, et la somme des deux autres formés sur les deux *jambes* correspondantes, est dans l'*équation-simple* comme celui de la *base* d'un *quarré* quelconque vis-à-vis sa *hauteur* ; et dans l'*équation-composée*, comme celui de la somme des *côtés-opposés* d'un *quarré* quelconque vis-à-vis celles des *jambes* d'un *triangle rectangle* ou *rectiligne* de la même valeur : de même le *rapport - intégral* exact qu'on peut concevoir sur le tableau de la même proportion, entre un *quarré* formé sur l'*Hypoténuse* d'un *triangle-rectangle* ou *rectiligne* quelconque, et la somme des deux autres formés sur deux *lignes* par *analogie arithgéométriquement - proportionnelles* aux deux *segmens* de l'*Hypoténuse* susdite , est dans l'opération première comme celui qui doit se rencontrer entre la somme des deux segmens de la *base* d'un *triangle-rectangle* ou *rectiligne* quelconque , . et celles des *côtés-opposés* d'un *quarré* de la même valeur ; et dans la seconde opération , comme celui de la *hauteur* d'un *quarré* quelconque , vis-à-vis la somme des *jambes* d'un *triangle-rectangle* ou *rectiligne* de la même valeur élevée à la *puissance moins un*.

COROLLAIRE III.

XXX. Si le *rapport - exponentiel* qu'on peut et doit concevoir sur le tableau de la *proportion-géométrique* , entre la somme de deux *quarrés* formés sur deux segmens de l'*Hypoténuse* d'un *triangle - rectangle* ou *rectiligne* quelconque élevée à la *puissance moins un* ; et celle de deux autres formés sur les deux *jambes* du même triangle , élevée à la même puissance est *parfaitement harmonique* à celui qui doit se passer entre les *respectifs . homologues de comparaison* des deux sommes énoncées élevées à la *puissance-zéro* ; et dans la *proportion-arith-géométrique* (où les deux premiers termes sont aux seconds, comme les deux moyens aux deux extrèmes) , il n'est pas possible de concevoir aucun *rapport - Ana-logique* entre le *respectif - intermédiaire* des deux *antécédens*, ou *conséquens* qui constituent la proportion, et ceux-ci. Il est clair comme le jour par conséquent que dans la *proportion - harmonique* qu'on peut former sur le tableau en perspective (mêmes figures I. et II.)

∸ NGFO : BAHI :: BGEC : CHPG il n'est pas possible de fixer aucun rapport *arithgéométrique* entre le *quarré* BGEC $=$ NGFO $+$ DOMC, et les deux autres BAHI, CHPG ; non plus qu'entre le *quarré* BAHI $=$ CHPG $-$ CALK et les deux autres NGFO, BGEC.

XXXI. Voilà pour ceux qui ont de la perspicacité un abrégé du *calcul de réduc-tion* qui doit se pratiquer dans la *planimé-trie-appliquée* entre les *triangles-rectangles* et les *quarrés-respectifs*, entre les *triangles-rectilignes* et les *triangles-rectangles* de même valeur. Dans mon cours d'*Arpentage*, où je me suis décidé à donner un traité parfait de tout ce qui est *réductible à l'absurde*, je parlerai de la *réduction* aussi bien du *quarré-long* que de toute autre espèce de figure *quadrilatère* ou *triangulaire* au *quarré-parfait* : car sans cela on est obligé toujours d'établir dans les *propositions-lemmatiques*, et *corollaires* des fausses déductions comme des *axiomes* ; et se trouver enfin dans les démonstrations (comme dans celle du *Théorème de l'Hypoténuse*) dans la nécessité de fixer des *logarithmes-extravagans*, semblables à celui que la somme des *triangles* IBC, KCB (fig. 1. et II.) est égale à la moitié de celle des *quarrés* BAHI, CALK ; comme la somme des *triangles* ABG, ACE égale à la moitié de celle des *quarrés-rectangles* BGFD, DFEC, pour en tirer la prétendue conclusion que le *quarré* BAHI est *arithgéométriquement-proportionnel* au *quarré-rectangle* BGFD, comme le *quarré-rectangle* DFEC au *quarré* CALK.

XXXII. En effet, pour ne pas laisser aucune chose en simple assertion, s'il est très en règle, pour soutenir la *raison - harmonique* de deux *obtusangles - équiangles* IBC, ABG et conséquemment la proportion de même nature entre ceux-ci et les deux autres (*respectifs* entr'eux et *correspondans* des premiers) KCB, ACE, d'affirmer que les *jambes* IB, KC, qui sont les plus petites des deux *triangles-correspondans* IBC, et KCB, soient égales aux deux autres AB, AC qui sont de même les plus petites de deux *triangles* (*respectifs* des deux premiers et *correspondans* entr'eux) ABG, ACE ; également que les *jambes* BC, CB qui sont les plus grandes des deux premiers *triangles*, égales aux lignes BG, CE qui sont les plus grandes des deux seconds : et que, par conséquent de tout cela, donnée la *thèse* de l'analogie de leurs *bases-respectives* et *correspondantes*, rester prouvée non-seulement la *raison* et *proportion - géométrique* susdite ;

$\therefore$ IBC : ABG :: KCB : ACE,

Mais celle en *raison-inverse*

$\vdots$ ABG : IBC : : ACE : KCB,

Celle en *raison-alterne*

$\vdots$ IBC : KCB : : ABG : ACE,

Celle en *composant*

$\vdots$ IBC $+$ ABG : ABG : : KCB $+$ ACE : ACE,

Celle en *divisant*

$\vdots$ IBC $-$ ABG : ABG : : KCB $-$ ACE : ACE,

Et celle enfin en *conversion de raison*

$\vdots$ IBC : IBC $+$ ou $-$ ABG : : KCB : KCB $+$ ou $-$ ACE : il est cependant une erreur très-grossière, par des gens qui se flattent de mériter le nom de Mathématiciens, d'affirmer que les lignes IB et KC (qui ne sont qu'*hétérologiquement* communes entre les deux *quarrés* BAHI, CALK et les *triangles-obtusangles* IBC, KCB) soient les *bases* aussi bien des premiers, que des seconds ; ou que les *lignes* BG, CE soient les bases aussi bien des *quarrés-rectangles* BGFD, DFEC, que des *triangles-obtusangles* ABG, ACE : parce que quand encore on vou-

drait concéder que les lignes IB, KC figu-
rassent comme les *bases* des deux *quarrés*
BAHI, CALK ; et les deux autres BG ,
CE comme les *bases* des deux *quarrés-
rectangles* BGFD , DFEC, aussi les deux
premières , que les secondes ne sont que
les *jambes respectives* et *correspondantes* des
quatre *triangles-obtusangles* énoncés ; et par
conséquent des *lignes* qui , pour le principe
théorématique : " La *base* d'un *quarré* quel-
 " conque est égale à chacun de ses trois autres
 " côtés " contraire à celui : " La *base* d'un
 " *triangle* quelconque est le plus grand des
 " trois *côtés* qui le constituent " ; et tous
les deux contraires aux deux *Théorèmes* de
mon invention , mais rejaillissans des justes
principes de mathématiques appliquées à la
méthodologie , qui sont ; 1.° " La *base d'un*
 " *quarré - rectangle horizontal* est en *valeur*
 " *homologique* à la somme des deux *côtés* op-
 " posés d'un *quarré* de même *aire* , comme
 " l'*Hypoténuse* d'un *triangle-rectangle* ou *recti-*
 " *ligne* quelconque l'est vis-à-vis la *base* d'un
 " *quarré* formé sur elle et élevé à la

» puissance Ière. „ (ou ce qui est la même
» chose) vis-à-vis la *demi-base* d'un *quarré* de
» même valeur d'un triangle imaginé „. . . . . .
2.° „ La base d'un *quarré-rectangle-vertical*
» est à la somme des deux côtés opposés d'un
» *quarré* de même *aire*, comme l'*Hypoténuse*
» d'un *triangle - rectangle* ou *rectiligne* quel-
» conque vis-à-vis la *base* d'un *quarré* de même
» valeur ; „ (ou ce qui est la même chose)
» vis-à-vis la *demi-base* du *quarré* de même
» valeur élevée à la puissance première „
sont des lignes, dis-je, qui s'en faut bien
qu'elles puissent s'envisager comme les
bases des deux *obtusangles-équiangles* IBC ,
ABG qui n'ont pour *base* que les deux
lignes IC, AG ; ou des deux autres *équiangles*
entr'eux et *correspondans* des deux premiers KCB , ACE qui ont pour *base* les
deux *lignes* KB, AE , ce qu'il fallait démontrer,
pour m'acquitter de ce que j'avais promis
à la fin du parag. XIII , et convaincre
pleinement les lecteurs de ce petit essai
d'une erreur si remarquable, comme est celle
si souvent pratiquée dans l'*Art d'arpenter*

lorsqu'on confond en un *Plan* quelconque l'*aire* d'une *surface* avec son *contour* : *Aire* qui dans toute figure *plane-proportionnelle* de forme *triangulaire* , qu'on puisse imaginer , doit être toujours déterminée par les *rapports - arithmétiques* ou *géométriques* qui doivent se passer entre la *base* et la *hauteur* ; de même que dans toute figure *plane* de forme *quadrangulaire* par la *valeur - arithgéométrique* qui doit se passer entre la *hauteur* et ses différens segmens..... *Contour* , qui dans les figures de la première espèce doit être déterminé par la *valeur - arithgéométrique* qui doit se passer entre la somme des deux *jambes* d'un *triangle-rectangle* ou *rectiligne* quelconque et la *diagonale* d'un *quarré* formé sur l'*Hypoténuse* respective ; de même que dans toute figure de la seconde espèce, par les *rapports - arithmétiques* ou *géométriques* qui doivent se passer entre la *base* d'un *quarré* quelconque et l'*Hypoténuse* d'un *triangle-rectangle* ou *rectiligne* de même valeur.

XXXIII. Ce serait me départir de mon

projet que de vouloir démontrer dans ce petit essai toutes les vérités qu'à la gloire de la *Géométrie* et du *Grand - Architecte de l'Univers*, comme les rayons du soleil de son sein, doivent rejaillir de celui de la *démonstration-axiomatique* du *Théorème* de PYTHAGORE, lorsque sera publiée mon invention de la *Quadrature du Cercle* : mon idée n'a pas été autre pour le moment que de convaincre tous les mathématiciens qui ont eu l'ostentation de recevoir avec indifférence et mépris l'offre d'une démonstration d'une si grande importance, comme est la solution du *Problème* de la *Quadrature du Cercle*, qu'ils ne voient pas clair. J'espère qu'ils seront non - seulement convaincus de ma raison, mais de mes faibles connaissances méthodologiques, et de la nécessité, utilité et agrément de les adopter. Car (on me pardonnera une innocente flatterie) ce n'a été que sous tel point de vue que je me suis donné la peine de ranger en forme de *Démonstration Critico-Mathématique* une bévue contre la *Science*

du

du Calcul (comme est la fausse démonstration du *Théorème de l'Hypoténuse*) que,
quoique générale, je l'aurai pu faire remarquer dans un seul coup-d'œil, et en rap-
pelant simplement à tous les Mathématiciens du jour (qui regardent, peut-être,
la Science des mathématiques comme la
source mystérieuse des miracles) le *Théorème incontestable de la proposition XXme,
du liv. Ier des élémens* d'EUCLIDE. " Dans
" quelque *triangle* que ce soit, deux côtés
" pris ensemble sont plus grands que le
" troisième " ; puisque par ce *Théorème*
appliqué au *Problème de la proposition
XXXXVIme. du même livre.* " Décrire un
" *quarré* sur une *ligne* donnée " ; non-
seulement ils auraient dû concevoir tout
de suite qu'un *quarré* quelconque ayant par
sa *nature-constitutive*, outre ses quatre *angles droits*, chacun de ses quatre *côtés* égaux
en valeur ; mais par conséquent de tout
cela que, si la base BC d'un *quarré* comme
BGEC, fig. I. et II, (qui ne peut qu'être
égale à chacun de trois autres côtés

D

du *quarré* qui est sous le point de vue)
sera envisagée comme l'*Hypoténuse* d'un
triangle-rectangle ou *rectiligne* comme ABC ;
elle (par la *proposition XX.*me *du liv. I*er.
*d'*Euclide) de même qu'elle ne peut pas
fixer dans l'*opération-simple* aucun *rapport-
arithgéométrique* avec la somme des deux
jambes AB , AC du *triangle* énoncé ; ainsi
(par la *XXXXVI.*me *liv. I*er. ; et par la
*I.*ère *, section II*me *, liv. V.*me *d'*Euclide, par
nous rapportée dans le § XXII de ce faible
essai vers 3 , p. 26.) le *quarré* formé sur elle
ne peut avoir dans l'*opération-composée* aucun *rapport d'analogie* avec les *quarrés*
BAHI et CALK formés sur ses deux *jambes*
AB, AC ; parce que, s'il est certain qu'en
élevant deux ou plusieurs *grandeurs-homo-
gènes* à une *puissance-homologue* ; ou deux
ou plusieurs *grandeurs - homologues* à une
puissance-homogène , les puissances qui en
résulteront seront toujours en *rapport-ana-
logue* entr'elles , c'est-à-dire, commensurables, et la somme des premières *arithgéométriquement-proportionnelle* à celle des secondes ; ainsi , par contraire , il faut penser

(51)

qu'en élevant deux ou plusieurs *grandeurs-hétérogènes* à une puissance-homologue , ou deux ou plusieurs *grandeurs - homologues* à une *puissance - hétérogène* , et réciproquement , les puissances qui en résulteront devront être toujours hors de proportion entr'elles et par conséquent *sourdes* et *incommensurables*.

XXXIV. Cependant (ne cessent encore de me dire quelques-uns) , en vous accordant que votre système d'exactitude soit très-régulier et utile , il ne laisse d'être , non-seulement préjudiciable à la grande masse des hommes illustres dédiés aux mathématiques , qui verraient ainsi s'écrouler sous leurs yeux un édifice qui est le produit de tous les travaux et soins dont est capable la vie d'un homme , mais encore il est opposé à la méthode reçue jusqu'ici par tous les peuples de la terre , et en juste idée un système , qui , quoique *méthodologique* , ne cesse d'être subversif de celui qui est d'usage , et par conséquent dangereux et opposé aux progrès des sciences.

XXXV. Quelle manière de raisonner !.... Quels égards impropres aux droits des hommes et de la société !... Quelle insulte aux loix suprêmes du Grand-Architecte de l'Univers !... Quelle analogie de rapport pourra jamais se concevoir entre les égards bien dûs aux Mathématiciens du jour et les droits de la masse innombrable des êtres qui constituent la grande famille, pour en tirer la plate conclusion qu'il faut préférer ceux des premiers à ceux qui appartiennent aux seconds... Pourra-t-on jamais soumettre au calcul sur le tableau de la *Méthode de Proportion par égalité bien rangée*, la valeur des droits qui sont au genre humain (nom sacré qui comprend tous les êtres possibles), avec la valeur de ceux qui appartiennent à une masse particulière quelconque des êtres vivans, pour en tirer des semblables conséquences, et pour ne pas se déterminer à en empêcher par une contre-marche la fausse révolution ?..... Concluons plutôt, que quelques-uns des Mathématiciens du jour (car il n'est pas possible qu'ils soient tous du même avis) voudraient préférer leur intérêt particulier à celui du genre humain , quoique la vérité , seule base fondamentale du bonheur social en soit la victime.

XXXVI. Peut-être trouvera-t-on ma manière de critiquer assez franche et sévère pour appuyer une indignation affectée contre mon immodestie ou même , si on veut , contre mon esprit fou et satyrique ; (car c'est ainsi que les malveillans caractérisent l'esprit de méthodologie , lorsqu'il ne convient pas à leur façon de voir) ; mais il m'a semblé que l'intérêt de la vérité et le point de vue de l'utilité publique , toujours préférables aux lâches principes de la fausse politique , l'ont indispensablement exigé. S'il faut avoir une juste idée de la politique pour n'être pas inflexible contre les droits des hommes en société ; de même qu'une idée très-régulière de la société et des droits des citoyens , pour ne pas se décider à l'aveuglette vers les dangereuses loix de la fausse modération , je crus que , dans cette circonstance, pour ne pas dissimuler des er-

reurs aussi préjudiciables aux progrès des
sciences et très-nuisibles aux droits civils et
sociaux, il fallait cette sévérité, qui, quand
encore elle devrait coûter le sacrifice de
la vie, ne doit s'abandonner jamais dans
l'opposition d'objet entre les sujets qui le
discutent : parce que, si dans l'opposition
d'un objet quelconque en discussion, la
transaction la plus simple et la plus légère
peut faire tomber dans le *système d'approximation*, contre lequel je fais la guerre,
(c'est-à-dire, dans le système de la *vérité-
apparente*, car la vérité n'a pas de limites) ;
il est certain que dans cette circonstance
agissant autrement, et avec cette *modération* qui ne doit être que le *point de vue*
des romanciers, au lieu d'atteindre à mon
objet, je n'aurai fait que de perdre mes
idées dans le chaos de *l'imméthodologie-géné-
rale* où depuis long-tems est prosternée la
Science du Calcul, qui jusqu'à présent, quelle
que soit l'opinion des autres, je ne crains
pas de le dire encore une fois, elle semble
qu'elle n'ait, ni n'ait eu d'autre objet que

de déguiser la vérité et dérégler l'intellect humain.

XXXVII. Et pour ne pas laisser aucune assertion sans preuve, si je ne puis pas dans ce moment dévoiler la *méthode-générale* de réduire aux mêmes *dénominateurs* et *exposans*, les *racines*, *grandeurs*, et *puissances* de quelque *espèce* que ce soit, je ne veux pas cependant frauder l'atteinte des âmes vraiment zélées pour les progrès de la *Science-Universelle*, en leur démontrant combien la proposition de PYTHAGORE démontrée sur le tableau de la *réduction à l'absurde* est non-seulement très-utile et parfaitement logarithmique (parce que la seule qui est capable d'abréger les opérations dans le *Plan - général du Calcul de proportion par égalité bien rangée*, et de faire résoudre axiomatiquement comme doivent les vrais Mathématiciens, toutes les *hypothèses des Ellipses*, et particulièrement les deux problèmes si célèbres dans les ouvrages des M.rs OZANAM et CASSINI qui n'ont été imaginés et résolus que sur la *méthode*

de la vérité apparente ; savoir : 1.º " Trou-
" ver un triangle quelconque, tel que sa
" base soit égale à une ligne donnée, et
" que le rectangle des deux autres côtés
" soit égal au quarré d'une autre ligne égale-
" ment donnée ; et de plus qu'un des angles
" à la base soit égal à un angle donné " ;
2.º " Inscrire dans un cercle donné un trian-
" gle rectiligne dont l'aire et le contour
" sont donnés " ; mais que son Plan-Objectif, plutôt que d'être le simple point de
vue de trouver un quarré égal en valeur à
la somme des deux autres et réciproquement, comprend celui d'apprêter aux
Mathématiciens la clef d'établir et appliquer
à la Science de la Planimétrie la méthode
exacte de composer et résoudre à l'infini
toute sorte de problème longimétrique : car
PYTHAGORE n'avait de son tems prévu l'a-
bîme de l'irrégularité où devait plonger
après sa mort la Science des mathématiques à
cause de l'inexactitude avec laquelle on pro-
cède dans la branche de la *longimétrie*, qui
est la base fondamentale de toutes les

autres ; et que aussi Euclide si renommé, que tous ses successeurs jusqu'à nos jours devaient se réduire, à force de calculer sur le tableau de la méthode approximative, à ne savoir pas *trouver* (je laisse de dire, que ni *deux lignes proportionnelles à une moyenne donnée*) ni moins, *une moyenne proportionnelle entre deux lignes données* (problème rapporté par la *proposition XIII.me du liv. VI. des élémens* d'Euclide).... Et que la chose est ainsi, voyons si *l'exposition* et *solution* du problème énoncé, adoptées par tous les Mathématiciens du jour, ne sont pas fausses et irrégulières, comme je viens de manifester.

PROBLÈME.

XXXVIII. *Trouver une ligne qui soit moyenne proportionnelle entre deux lignes données.*

EXPOSITION D'USAGE.

Si vous voulez trouver une moyenne proportionnelle entre les lignes BD, DC (fig. III.) les ayant jointes sur une ligne droite, divisez la ligne BC en deux également au point O ; et ayant décrit un demi-cercle BAC, tirez la perpendiculaire AD ; elle sera moyenne proportionelle entre BD, DC.

DÉMONSTRATION CORRESPONDANTE.

XXXIX. Tirez les lignes AB, AC ; l'angle BAC décrit dans un demi-cercle est droit (par la *XXXIme du liv. III* d'EUCLIDE); et (par la *VIIIme du liv. VI*) les triangles BDA, ADC sont semblables : il y a donc, même raison dans le triangle BDA de BD à DA, que d'AB à DC dans le triangle ADC (par la *IVme du même liv. VI* d'EUCLIDE). Ainsi on conclud, AD est moyenne proportionelle entre BD et DC....

XL. Mais, les erreurs qui dérivent de cette fausse solution de problème, sont en si grand nombre, que non-seulement il est presque impossible de pouvoir s'en ressouvenir pour en faire une description détaillée, j'en ai honte, ma parole d'honneur !.... Voilà l'effet du maudit système d'approxi-

mation ; il ne fait qu'autoriser tous les *Ar-*
penteurs à calculer comme les escamoteurs ;
et il est surprennant, comme (outre tant
d'autres innombrables célèbres Mathématiciens qui existent en France , plus qu'en
toute autre partie de l'Europe) M.ʳ A. M.
Le Gendre , *membre de l'Institut national,*
qui, dans la préface de ses *élémens de géo-*
métrie, n'a cessé d'avouer les changemens et
améliorations qu'il devait aux divers Savans
et particulièrement à M.ʳ Simon l'Huiller ,
professeur de Genève , et si célèbre dans
la partie des mathématiques ; M.ʳ A. M.
Le Gendre, dis-je, qui, dans le *Théorème*
exposé par la *proposition XXIII.ᵐᵉ du liv.*
III, de ses *élémens de géométrie*) n'a point
omis de faire connaître qu'*il arrive souvent*
qu'une proposition fausse, ou qui n'est vraie
qu'à peu près ne peut que conduire par la
suite des raisonnemens à une absurdité ma-
nifeste et palpable , n'ait cependant voulu
jamais se donner la peine d'adopter ce système , et rectifier dans ses démonstrations
avec l'application une maxime de si haute

importance , qu'on peut l'appeler le *point de vue général* de toutes les branches de mathématiques , parce qu'elle est la seule qui est appuyée sur la *base-fondamentale* de la vérité.

XLI. M.ʳ CLAIRAUT , qui , avec son *Algèbre* , plutôt que de découvrir à préférence des autres l'astre lumineux de la vérité , n'a fait que plonger davantage cette Science dans le chaos des axiomes-apparens , et les Calculateurs dans la nécessité de pratiquer dans leurs opérations tantôt l'*élimination* , tantôt l'*interpolation* et tantôt l'*évanouissement des radicaux* (opérations tout-à-fait hétérogènes de l'art véritable de calculer) M.ʳ CLAIRAUT , dis-je , semble avoir en quelque manière connu la bévue de tous les Mathématiciens sur la solution du problème en discussion ; car , quoiqu'il s'en faut bien qu'à la préférence des autres il ait parvenu à sa démonstration-axiomatique , il a cherché , nonobstant de le résoudre d'une manière tout-à-fait différente de celle qui a été pratiquée jusqu'à lui , et postérieurement par la grande masse des écrivains en géométrie ; et si

j'ose le dire, d'une manière très-singulière,
(comme sont en général toutes ses démonstrations mathématiques) parce que d'une
espèce sans comparaison plus *hétérologue* de
celle des autres. Je crois inutile de rapporter
ici sa démonstration originale sur le sujet
en discussion : ceux qui voudront contester
par le fait mon observation - critique pourront s'adresser à la *III.me partie* de ses *élémens de géométrie* , *parag.* 16 *et* 17.
Tandis que je chercherai de ramener l'atteinte des lecteurs au point d'où nous sommes parti, et de corriger la fausse solution
du *problème* rapporté par la *proposition
XIII.me du liv. VI* d'EUCLIDE. *Trouver une
ligne qui soit moyenne proportionnelle entre
deux lignes données.*

L E M M E.

XLII. Avant que de parvenir à cette
démonstration , cependant, je me crois dans
le devoir de faire avertir que , si toute
sorte d'opération mathématique doit sous-

entendre la *réciprocation* , et celle qu'on peut concevoir appartenir au *problème* en discussion ne doit être que celle qui depend de celui de mon invention qui suit , savoir : *Trouver deux lignes qui soient proportionnelles à une ligne donnée.* Ainsi , si pour résoudre exactement ce dernier (qui ne doit se regarder que simplement comme *l'opération-inverse* du premier) il faut indispensablement expliquer dans son exposition de quelle nature doivent être les *proportionnelles* cherchées (c'est-à-dire, si *géométriques* ou *arithmétiques*) ; de même pour résoudre exactement le premier , il faut expliquer de quelle nature doit être la *moyenne-proportionnelle* cherchée ; párce que , si lorsque les *lignes-données* sont par leur nature *parties-aliquantes* de leur *homogène de comparaison* , il est clair que la *ligne-cherchée* ne peut être qu'une *moyenne-proportionnelle-arithmétique* , et réciproquement ; cependant , lorsqu'elles se rencontrent être *parties-aliquotes* de leur *homogène de comparaison* , la *moyenne proportionnelle* qu'on

cherché pourra être aussi bien *arithméti-*
que que *géométrique* , et réciproquement :
d'où il résulte , par conséquent , que
pour éviter toute espèce d'équivoque , il
est très-indispensable, que *l'exposition* d'un
problème ou *théorème-mathématique* quelconque , soit tellement claire et de façon à
éloigner entièrement toute sorte de fausse
ou . double interprétation : fausse et double
interprétation que j'ai cherché de dissiper
autant qu'il a été possible de la *proposition*
du Théorème de l'Hypoténuse par la paren-
thèse que j'y ai placée, comme on peut observer dans le commencement du parag.
VI et XXI...... Après tout cela venons
à présent à *l'exposition* et *démonstration-*
axiomatique de la *proposition* en perspective.

— — —

PROBLÈME.

XLIII. *Trouver une ligne qui soit moyenne proportionnelle - arithmétique entre deux lignes données , et réciproquement.*

EXPOSITION MÉTHODOLOGIQUE.

Sı on veut trouver une *moyenne-proportionnelle-arithmétique* entre les lignes BD, DC (fig. III.) les ayant jointes sur une ligne droite, divisez la ligne BC en deux également au point O; et ayant décrit un *demi-cercle* BMC , tirez aussi bien la *perpendiculaire-concentrique* MO, que l'*excentrique* AD : je dis que la *moyenne - proportionnelle* cherchée est le *sémi-diamètre* BO ou OC ; et que la *perpendiculaire-excentrique* AD ne sert qu'à faire marquer l'excentricité - *majeure* ou *mineure* qui se trouve entre les *extrêmes* BD , DC et la *moyenne-proportionnelle* BO ou OC ; de même que la *perpendiculaire - concentrique* MO (quoiqu'en *valeur - spécifique* égale à la

moyenne

moyenne trouvée) ne sert qu'à faire marquer la *concentricité-majeure* ou *mineure* entre la *moyenne* et les deux *extrêmes* susdites.

DÉMONSTRATION CORRESPONDANTE.

XLIV. Si le *point de vue* du *problème* en discussion n'est que d'équilibrer exactement le *rapport-différentiel* entre deux *lignes-arithmétiques* données pour en déterminer l'*Intégral*, de quelle manière peut-on mieux accomplir cet objet, que par l'*analogie de valeur* qui se passe entre la somme des deux *extrêmes* donnés BD, DC (égaux à un *diamètre* comme BC) et celle de la *moyenne* trouvée (égale à un *semi-diamètre*, comme BO, ou OC) prise deux fois ?... Ce serait ne pas savoir distinguer dans les *opérations-logarithmiques* les *coéfficiens* de l'*exposant*, que de ne pas concevoir cette vérité si claire et certaine, rejaillissante du *théorème-algébrique* de mon invention. « Si à un *tout* quelconque élevé à

E

« la *puissance zéro* on ajoute et défalque
» également la même de ses *parties analo-*
» *gues*, non-seulement ce *tout* sera *moyen-*
» *proportionnel* des trois termes qui en résul-
» teront, mais la *somme* formée par lui,
» *plus* la partie ajoutée, sera l'*extrême en*
» *croissant*; de même que le *résidu résul-*
» *tant* de lui *moins* la partie défalquée,
» sera l'*extrême en décroissant* de la pro-
» portion - *arithmétique* désirée.

XLV. J'espère que chacun doit être per-
suadé non-seulement de la *réciprocation du*
problème que nous venons de résoudre, et
de la méthode, par conséquent, qu'on doit
tenir pour retrouver deux *proportionnelles*
arithmétiques à une *moyenne* donnée, mais
que la *moyenne* donnée ou cherchée ne
peut être en tout cas qu'une *ligne - déter-*
minée, et pour cela *invariable*; lorsque par
contraire les *collatérales* cherchées ou données sont de nature à pouvoir être *varia-*
bles, et par conséquent *indéterminées* jusqu'à
l'impossible : car, si d'une *moyenne arith-*

métique donnée ou cherchée (qu'on peut, désigner par les chiffres BO ou OC $=$ 8 à raison d'exemple) les *proportionnelles* cherchées ou données peuvent être aussi bien les lignes BD $=$ 4 $+$ DC $=$ 12 ; que les lignes BF $=$ 2 $+$ FC $=$ 14 ; ou les lignes BL $=$ 6 $+$ LC $=$ 10...... La moyenne donnée ou cherchée , cependant, ne pourra être que constamment la ligne BO ou OC $=$ 8 : ce qu'il fallait démontrer.

COROLLAIRE.

XLVI. De tout cela il résulte , que, non seulement les *analogues de comparaison* des *lignes-variables* BG $+$ GC ; BA $+$ AC ; BN $+$ NC (qui ne sont que les *jumbes* respectives de trois *triangles-rectilignes* GBC, ABC , NBC) sont vis-à-vis celui des deux *lignes-invariables* BM , MC , comme les trois *perpendiculaires-excentriques* GF , AD, NL à la *concentrique* MO ; et pour cela , outre que comme les *segmens - excentriques* de l'*hypoténuse* BC , qui sont les *proportion-nelles - arithmétiques* BF , BD , BL , au *seg-ment - concentrique* BO , comme les trois triangles GBC , ABC , NBC , au *triangle* MBC , (et par conséquent en parfaite *pro-portion-arithmétique* entr'eux , de même que les *quarrés* respectifs qu'on pourrait former, aussi bien sur les *segmens* de l'*hypoténuse*, que sur chaque *analogue de comparaison des jambes* correspondantes des quatre *triangles* énoncés), mais que les membres respectifs de chacune de ces proportions n'ont rien à faire avec ceux des autres , (excepté ceux de la proportion formée par *les segmens de l'hypoténuse*, avec les autres de la pro-portion des *quarrés* formés sur eux , qui , quoique de nature *arithmétiques*, sont néan-moins *géométriquement-proportionnels* les uns des autres , de même que leurs membres cor-respondans); ce qu'il fallait en déduire.

XLVII. Après cette déduction et la dé-monstration qui la précède, je me flatte de croire que pour ceux qui m'ont compris et voudront adopter mon *système de méthodologie* ne doit arriver que trop claire et facile la *méthode de résoudre à l'infini* le *problème* de mon invention : *Trouver une moyenne proportionnelle-géométrique à deux lignes données et réciproquement.* Démonstration que je me crois dispensé de présenter dans ce moment pour ne pas surpasser les bornes d'un ouvrage qui ne doit avoir l'air que d'un simple et pur essai, produit moins pour instruire le public, que pour me justifier moi-même, et rendre hommage à la vérité, seul astre lumineux et sublime de tout homme qui se flatte d'être philosophe. Car (me soit permis de le faire connaître à la gloire de l'immortel Pythagore) je n'ai pas démontré par ce faible essai, la millième partie de toutes les lumières qui rejaillissent du sein du *théorème.* " *Le quarré* „ *de l'hypoténuse* „ à profit de la *géométrie* et des trois branches entières qui constituent la *Science-Universelle* : puisque alors (outre les innombrables *vérités-morales, littéraires et politiques*) j'aurai dû commencer à faire voir que ce n'est que par le *théorème in-*

venté *par* PYTHAGORE , qu'on peut établir sur le tableau de la *Géométrie - spéculative* appliquée à *l'Arpentage* la *méthode - ortodromique* de résoudre exactement et avec la plus grande vîtesse toute sorte de *démonstrations-algébriques* , qui doivent servir de clef à la solution du *problème* de la *Quadrature du Cercle* , afin de se mettre à même de découvrir sur le tableau de la *Gnomonique-spécieuse* appliquée à *l'Architecture - universelle* la *méthode loxodromique* de résoudre toute sorte de *démonstrations - logarithmiques* et réaliser ainsi en P ∴ R ∴ C ∴ et au bien de l'humanité l'allégorie de çe sublime travail, qui seul peut conduire, à la gloire du *Grand-Architecte de l'Univers* et à profit de ses enfans, dans le point fixe où existe cachée la p ∴ p ∴ . . . . Mais, si tout cela n'est pas possible dans ce moment , je veux cependant, avant que de reprendre le silence, donner par un *problème - algébrique* de mon invention, qui sera le dernier de cet ouvrage , quelques premières idées de l'utilité qui peut et doit produire sur le tableau de la *Géomé-trie-spéculative* appliquée à *l'Arpentage* la *méthode-ortodromique*, dont je viens de faire l'éloge.

PROPOSITION DERNIÈRE.

PROBLÈME.

———

XLVIII. *Donnée une ligne quelconque , la diviser et proportionner logarithmiquement de quatre façons différentes, et telles , que les quatre termes diviseurs soient chacun à chacun aux quatre quotiens dans la même proportion - géométrique continue qu'ils sont entr'eux ; et par conséquent non - seulement dans le cas de pouvoir sur chacune de deux proportions réciproquement conclure dans les cinq manières différentes que nous avons rapportées dans le parag. XXXII de cet ouvrage , mais de produire que le dernier terme en croissant de quatre diviseurs soit arithgéométriquement proportionnel au moyen en décroissant de quatre quotiens (et réciproquement) ; comme le premier en croissant de ces derniers, est au moyen en décroissant des premiers ; (et réciproquement).*

EXPOSITION LOGARITHMIQUE.

Imaginons la *ligne* BC (fig. IV.) et formons premièrement sur elle le *quarré* BGEC; tirons sur ce *quarré*, secondement, les deux *diagonales* CG, BE, qui par leur rencontre réciproque divisent dans le *point d'intersection* le *quarré* susdit, non - seulement en quatre *triangles-rectangles* et con-centriques, mais en quatre *triangles homo-logues* et *homogènes* (puisque de même espèce et *nature*) quoique de *genre - diffé-rent* (à motif que deux entr'eux sont formés sur des *bases - horizontales*, et les deux autres sur des *bases-verticales*; et ren-versons en troisième lieu l'angle-rentrant O du *triangle-horizontal* OBC dans le point A ; de façon qu'il constitue l'*angle-saillant* d'un autre *triangle* de même genre mais ren-versé, tel qu'ABC. Après cela du *sommet* A de ce dernier *triangle*, tirons 1.° la *perpendiculaire* AF ; 2.° les deux *lignes-penchantes* AG, AE ; et 3.° aussi bien les

perpendiculaires IH , TL , *parallèles* à AF ;
que les *penchantes* ID , TD , *parallèles* aux
diagonales BE , CG du *quarré* BGEC.....
Je dis que la *ligne* BC , égale en valeur à
chacune de ses deux *parallèles* NM , GE ,
reste par cette opération *logarithmique* non-
seulement divisée en *deux* , *trois* , *quatre* et *six*
parties-aliquotes de leur tout , et conséquemment , en parties qui constituent une parfaite *proportion - géométrique-continue* (parce
qu'elles sont subdivisibles de la même teneur
jusqu'à l'*infini*) mais qu'elle reste dans le
rapport - arithgéométrique cherché.

DÉMONSTRATION - CORRESPONDANTE.

XLIX. 1.° Si par la nature des *lignes-verticales* , toute *perpendiculaire* tirée du *sommet*
d'un *triangle-rectangle-saillant* , qui ait pour
hypoténuse le *côté-horizontal* d'un *quarré* de
base-analogue, (et *arithgéométriquement-pro-
portionnelle* à celle du *triangle* imaginé ou
donné) divise *verticalement* tout le tableau

en *deux* parties égales, et pour cela aussi
bien la *base* du *dividende* (c'est-à-dire, de
ce dernier *triangle*), que celle du *quarré*
de l'hypoténuse : il est incontestable que la
ligne BC imaginée ou donnée (qui est la
base, aussi bien du *triangle-rectangle* ABC
(fig. IV.), que le *côté-horizontal* du *quarré*,
BGEC, et pour cela *arithgéométriquement-*
proportionnelle de la *base - générale* du tableau, qui est le *côté-fondamental* du *triangle*
OGE égal à celui du *quarré* BGEC) doit
dans cette opération rester divisée en *deux*
parties parfaitement égales en valeur et analogues entr'elles , par la *perpendiculaire*
AF ; et par conséquent, que si elle, prise
en nombres, est (à raison d'exemple) d'une
valeur égale à 24; la ligne BD (égale à
ses *parallèles* NO , GF) doit se regarder
de même que l'autre DC (égale à ses *pa-*
rallèles OM , FE) non-seulement d'une valeur égale à 12, mais comme le *quotient*
maximum de son *dividende* BC (égal en
forme à ses *parallèles* NM , GE , de même
qu'en valeur égal à 24), comme nous venons de

tuppposer 5

2.º Si par la nature des *lignes - penchantes*, on peut axiomatiquement démontrer que celles tirées du *sommet* d'un *triangle - rectangle-saillant* sur les deux extrémités de la *base* d'un autre de même *nature*, *genre* et *valeur*, ne peuvent que supposer un *triangle - rectangle* quelconque qui ait un *quarré* formé sur son *hypoténuse* et par conséquent un *pentagone-symétrique* semblable à celui, qui est désigné par les *cinq-angles* du *tableau* ABGEC (même fig. IV.). Donnée la *thèse* que la *base* du *triangle - acutangle* AGE (formé par les deux *penchantes* AG, AE tirées du *sommet* A sur la *base* GE) soit non-seulement le *côté-fondamental* du *quarré* BGEC et l'*hypoténuse d'un triangle-rectangle-saillant* et *concentrique* de ce dernier *quarré*, tel que le triangle OGE, (qui par son *sommet* O quoique *concentrique* du *quarré* BGEC montre le *faux point de vue* du *tableau général* ABGEC) mais qu'elle soit parfaitement *parallèle* à la *base* du *triangle* de même nature ABC

(qui par son *sommet* A quoique *excen-trique* du *quarré* BGEC montre le *véri-table point de distance* du *tableau - général* ABGEC ; il est incontestable, par consé-quent, qu'elle est *arithgéométriquement-pro-portionnelle* et *parfaitement-analogue* de ses deux *parallèles* NM, BC. Tous ces princi-pes une fois établis, tirons la *ligne - hori-zontale* PQ, *parellèle* à BC, de même que la *tangente* d'un *arc d'un cercle* quelconque à son *diamètre-analogue* ; et cessant de re-garder le tableau en perspective comme un *pentagone - symétrique*, tirons sur lui les *verticales-complémentaires* PB, QC, et re-gardons-le comme un *quarré-long* désigné par les quatre *angles* PGEQ : je dis, que si on voulait considérer pour un moment la base GE du quarré BGEC *(* qui est par-faitement égale à la *ligne-dividende* BC *)* comme le sujet de la question, et tirant sur le *plan-perspectif* du *quarré-long* PGEQ les deux autres *penchantes* PF, QF, récla-mer par le *triangle - acutangle* FPQ la *réciprocation* de son *correspondant* AGE ;

non-seulement sa *parallèle* PQ (*homogène de comparaison* de ses deux segmens PA + AQ) montrera par son *point d'intersection* A l'*angle-saillant* du *triangle-acutangle* AGE décrit sur la *ligne-fondamentale* GE du *quarré long* PGEQ, mais elle (je veux dire, cette *ligne-fondamentale* GE) qui est aussi bien l'*homogène de comparaison* de ses deux seg-mens GF + FE, que l'*analogue de compa-raison* de ceux de sa *parallèle* PQ (égale-ment que celle-ci l'*analogue de comparaison* des deux premiers) montrera par son *point d'intersection* F l'*angle rentrant du triangle-acutangle* FPQ, qu'on peut décrire sur la *ligne-horizontale* PQ du même tableau PGEQ : et par conséquent que dans le tableau général PGEQ il y a même *valeur* et mêmes *rapports-concentriques* de la *ligne-horizontale* PQ à la *fondamentale* GE, que de celle-ci, à celle-là; de manière que si on regardait la première (*homogène de comparaison* de ses deux segmens) comme l'*homologue* et l'*analogue de comparaison* des deux segmens de la seconde; l'*homogène de com-*

paraison de ces derniers ne pourra être que l'*homologue* et l'*analogue* *de comparaison* des deux segmens de la première, et réciproquement ; comme à raison d'exemple dans la *proportion-arithgéométrique* suivante . . . .

$\div$ PQ $=$ PA $+$ AQ $::$ GE $\because$ GE $=$ GF $+$ FE $::$ PA $+$ AQ . . . . Or, si dans le tableau en perspective PGEQ, outre la *réciprocation-planimétrique* qui existe entre les *lignes* GE et PQ, il y a même *valeur* et mêmes *rapports-concentriques* de la *ligne-fondamentale* GE à sa *parallèle* MN, que de l'*horizontale* PQ à sa *parallèle* BC ; et même *valeur* et mêmes *rapports-concentriques* de la *ligne* BC (*horizontale-intermédiaire* du *quarré* PNMQ) à sa *parallèle* NM (*horizontale - intermédiaire* du *quarré* BGEC) que de celle-ci à la *fondamentale* GE, ou de BC à l'*horizontale* PQ (et tout cela en vertu de la *réciprocation-longimétrique* qui produit sur le tableau-général PGEQ la *perpendiculaire* AF *arith-géométriquement-proportionnelle* de la *verticale* FA) ; il est donc incontestable (par une parfaite *analogie* déduite des principes axiomatiques de la *proposition* d'EUCLIDE, rapportée par le *théorème IIme.*, sect. *Ière.* *du liv. Vme.* de ses *élémens* : « Les raisons » qui sont égales à une troisième sont » égales entr'elles ») que, dans le tableau général en perspective PGEQ, il y a même *valeur* et mêmes *rapports - concentriques* entre chacun des quatre *parallèles-arithgéométriques* PQ, BC, NM, GE ; et par conséquent, que si dans ledit tableau la *ligne-horizontale* PQ et par le *sommet* A du *triangle-acutangle* AGE parfaitement divisée dans les deux segmens de même *genre* *nature* et *espèce* PA et AQ, également, que la *ligne-fondamentale* GE l'est par le sommet F du *triangle* de même nature FPQ (qui est réciproque du premier) outre que le *sommet* A (qui est le *point-radical* de la *perpendiculaire* AF, et le *secteur - logarithmique* de la *ligne-horizontale* PQ) est *arithgéométriquement parallèle* au *sommet* F (qui est le *point-radical* de la *verticale* FA, et le *secteur-logarithmique*

de

de la *ligne-fondamentale* GE), comme celui-ci à celui-là ; aussi bien l'un que l'autre doivent l'être de même , non-seulement du *point* D (qui est le *secteur - logarithmique* de la *ligne horizontale-intermédiaire* du quarré PNMQ), mais du *point* O (qui est également le *secteur-logarithmique* de l'*horizon-tale* de même *genre* , *nature* et *espèce* NM du *quarré* BGEC) ; et par conséquent (comme nous avons déjà parfaitement prouvé par la *I.ère partie* de cette *démons-tration* , que la *ligne* BD (qui est le *seg-ment-homogénique* de la *ligne dividende* BC) est non-seulement *arithgéométriquement-pro-portionnelle* des trois *parallèles-concentriques* PA, NO, GF, mais aussi bien la *propor-tionnelle - logarithmique* de la *ligne* DC (qui est l'autre *segment - homogénique* de la *ligne* BC) , que la *proportionnelle-arithgéomé-trique* de chacune des trois *parallèles de même genre* AQ, OM , FE. . . . . Il est vrai que tout ce que je viens d'ex-poser jusqu'ici serait tout-à-fait étrange à la seconde partie de la *démonstration* en *pers-*

F

pective, ou un récit réitéré de sa première partie, si je n'eusse eu le *point de vue* de donner par ce moyen quelque esquisse des *éclipses mystérieuses* de la *Science du Calcul*, et indiquer combien il est facile, dans les opérations mathématiques de s'engouffrer dans l'erreur, lorsqu'on n'y apporte pas la plus attentive diligence, accompagnée de la plus parfaite *Méthodologie*...... Mais il m'a paru que mon objet l'exigeait, et voilà tout. . . . . . Je reviens au sujet........

. A l'appui donc des principes répandus aussi bien dans la première, que dans cette seconde partie que je vais achever, cessons premièrement de regarder (même fig. IV.) la *perpendiculaire* AF), ou si on veut, la *verticale* FA) et s'il est possible, accomplissons ce *point de vue moral* avec autant d'exactitude que si elle n'était pas sur le tableau en perspective; deuxièmement cessons de regarder pour un instant seul, mais avec la même exactitude l'*acutangle* FPQ, réciproque de l'autre AGE, sur lequel il faut redoubler toute notre attention,

Et commençons ensuite notre *travail - logarithmique*...... Si la *ligne dividende* BC (qui est *arithgéométriquement - proportionnelle* de chacune de ses trois *parallèles-concentriques* PQ , NM , GE , comme nous l'avons déjà doublement démontré) est , sur le tableau de la *proportion par égalité bien rangée* , à cette dernière GE , dans la même *raison* et mêmes *rapports* réciproques que la *ligne* NM à sa *parallèle* PQ : regardons pour un moment tout à fait la *ligne-fondamentale* GE , comme la *ligne-dividende* BC (parce que , dans la position où nous sommes , elle ne souffre aucun acte d'intersection des deux *jambes* du *triangle-acutangle* qui tombe sur elle , comme sur sa base) , et l'*horizontale* PQ , comme la *ligne-exponentielle* du *dividende* de la première Thèse (parce que dans l'Hypothèse donnée , elle reste entrecoupée dans son milieu par l'*angle-saillant* A de l'*acutangle* AGE) , et il sera très-facile de concevoir , que non - seulement l'*horizontale - intermédiaire* BC. reste, par les deux *points* d'in-

F ij

tersection de deux *jambes* AG , AE du *triangle* AGE qui passe sur elle, exactement divisée en trois parties parfaitement *géométriques* de deux autres dont est divisée sa *parallèle* PQ ; mais que sa *proportionnelle-arithgéométrique* NM reste par la même opération divisée en *six* parties de la même nature que les *deux* premiers et les *trois* secondes ; de façon que , si on voulait envisager la *proportion* , qui est sous le *point de visée*, aussi bien en *nombres*, qu'en *chiffres–algébriques*, on aurait incessamment dans le premier cas la *proportion-géométrique-décroissant* :

$$\vdots\; \mathrm{I} = 24 : \tfrac{1}{2} = 12 :: \tfrac{1}{3} = 8 : \tfrac{1}{6} = 4 ;$$

et dans le second la *proportion de même genre et nature* :

$$\vdots\; \overline{\mathrm{GE}}^\circ = \mathrm{BC} : \overline{\mathrm{PA}}^\circ = \tfrac{\mathrm{BC}}{2} = \mathrm{PQ} - \mathrm{PA} ::$$
$$\overline{\mathrm{BS}}^\circ = \tfrac{\mathrm{BC}}{3} = \mathrm{BC} - \mathrm{SC} : \overline{\mathrm{KC}}^\circ = \tfrac{\mathrm{BC}}{6} =$$

BC — BK ; ce qu'il fallait démontrer en second lieu , non-seulement pour l'objet où nous sommes dirigés , mais pour frayer le *chemin-logarithmique* de trouver jusqu'à l'infini une proportionnelle quelconque cherchée et réciproquement.....

L. Nous voilà donc à bon port dans la solution du *problème* en discussion.... Nous avons trouvé déjà *trois* des inconnus cherchés, il ne nous manque que le *quatrième*, et cette opération est si facile par elle-même, que je pense qu'il n'existe aucun apprenti en mathématique qui ne sache pas en venir à bout. Otons en effet *l'homogène de comparaison*, c'est-à-dire, le *premier terme* de *deux proportions - géométriques-continues*, que nous venons d'exposer, et recommençant *l'opération* par le *second terme*, formons en *nombres*, comme auparavant, la *proportion-problématique* suivante :

$$\div \tfrac{1}{2} = 12 : \quad :: \tfrac{1}{3} = 8 : \tfrac{1}{6} = 4 ;$$

et en *chiffres* l'autre de même *genre* et *nature* :

$$\div \overline{PA}^{\circ} = \tfrac{BC}{2} = PQ - PA :$$

$$:: \overline{BS}^{\circ} = \tfrac{BC}{3} = BC - SC : \overline{KC}^{\circ} = \tfrac{BC}{6} =$$

BC — BK : il est clair que (par la *réciprocation* de la *proposition XIIIme.*, *problème II du liv. Vme.* d'Euclide, " Le *premier*, le », *second* et le *quatrième terme* d'une *pro- » portion* étant connus, trouver le *troi-*

» *sième* »), tout calculateur doit connaître
que , *multipliant* respectivement le *premier*
terme de *deux* proportions exposées par
le *quatrième*, et *divisant* leur *produit* par le
troisième, on aura, par le *quotient* qui en
résultera , le *second terme* recherché ; et par
conséquent que dans la *proportion - problé-*
matique :

$$\div \tfrac{1}{2} = 12 : \qquad\qquad\qquad : : \tfrac{1}{3} = 8 :$$
$$\tfrac{1}{8} = 4 , \text{ le } \textit{terme - géométrique} \text{ cherché est}$$
$$\tfrac{1}{4} = 6 ; \text{ de même que dans celle :}$$
$$\div \overline{PA}^{o} = \frac{BC}{2} = PQ - PA :$$
$$: : \overline{BS}^{o} = \frac{BC}{3} = BC - SC : \overline{KC}^{o} = \frac{BC}{6} =$$

$BC - BK$, le *terme* cherché ne pourra être
que
$$\overline{BU}^{o} = \frac{BC}{4} = BC - UC \ldots \ldots \ldots$$
Ce qu'il fallait démontrer en conclusion.

LI. En vertu de tout cela donc , formons sur le tableau en perspective PGEQ,
la *proportion - géométrique* achevée :

$$\div \overline{PA}^{o} = \frac{CB}{2} = PQ - PA = 12 = \tfrac{24}{2} :$$
$$\overline{BU}^{o} = \frac{BC}{4} = BC - UC = 6 = \tfrac{24}{4} :$$
$$\overline{BS}^{o} = \frac{BC}{3} = BC - SC = 8 = \tfrac{24}{3} :$$
$$\overline{KC}^{o} = \frac{BC}{6} = BC - BK = 4 = \tfrac{24}{6} :$$

et non-seulement nous aurons une *propor-tion - géométrique - continue* de la nature cherchée, mais une *proportion* telle qu'en l'*alternant* nous aurons, par la *réciproca-tion* de ces deux *proportions*, vérifié la dernière partie du *problème en démonstra-tion*, c'est-à-dire, que *le dernier terme en croissant des quatre diviseurs est arithgéo-métriquement proportionnel au moyen en dé-croissant de quatre quotiens* (et récipro-quement), comme *le premier en croissant de ceux-ci est au moyen en décroissant des quatres premiers*; ce qu'il fallait démontrer définitivement........

LII. Je ne veux pourtant pas laisser sur mon essai aucun mal - entendu, ni aucune équivoque...... Pourquoi (pourraient me demander quelques-uns) mêler la *récipro-cation* que par le *triangle - acutangle* FPQ vous avez voulu présupposer à la démons-tration du *problème en perspective*, si après un si fort empressement, non - seulement vous avez exigé un instant après l'*hypothèse-mé-taphysique* de son inexistence (ce que produit dans l'opération un *cercle - vicieux*) , mais vous avez acheve la *démonstration* sans que ledit *triangle* FPQ , y soit entré pour rien ?..... C'est vrai , du premier abord la *réciprocation* de l'*acutangle* AGE semble un pleonasme dans l'opération que nous venons d'achever ; néanmoins , pour prouver combien elle est très - nécessaire et utile , qu'il me soit permis de rappeler à ceux qui pourraient me faire cette objection , non-seulement le contenu du parag. IV de cet ouvrage , mais d'y ajouter sans flatterie , que rien n'est sans *raison - suffisante* dans mon *système méthodologique.*...... Comment en effet , sans la réciprocation énoncée , trouver dans un *quarré-long* (comme celui de la fig. IV) le véritable *point de vue* Z , qui est le *centre* aussi bien du *tableau-général* PGEQ , que de la *ligne* XY , qu'on peut tirer *horizontalement* sur le *point d'intersection* de deux *triangles-acutangles-réciproques* AGE , FPQ ?..... Comment , sans ladite opération (et la ligne XY , par conséquent ,) trouver dans le *quarré-long* PGEQ la *moyenne - proportionnelle - géomé-*

trique, aussi bien entre les *lignes-verticales*
AD et DF (et leurs *parallèles-correspondantes*
et *respectives*), qu'entre les *lignes-horizon-*
tales (XZ — BS) et (ZY — KC) et leurs
parallèles - correspondantes et *respectives* ;
et par le résultat de ce dernier *logarithme* non-
seulement abréger l'*opération - problématique*
que nous venons de rapporter dans le §. précédent (opération que par la *réciprocation* on
peut parfaitement appliquer à un *quarré-*
large quelconque), mais présenter la *théorie*
simple et *composée* de proportionner entr'eux
et réduire au *quarré-parfait* toute sorte de
quarrés-longs et *larges* que ce soit. . . . .
Dans ce cas ils auraient pu dire la même chose
des lignes ID , TD , qui jusqu'à présent
n'ont figuré pour rien ; cependant , comme
cette autre opération, qui (par la *propor-*
tion de la valeur homologue qui se passe
entre la somme de deux lignes ID + TD
et celle de deux *segmens arithgéométriques*
de la ligne dividende BC , sont entr'elles
dans la même *raison - géométrique* que la
semi-diagonale CO, à l'*hypoténuse* BC du quarré

BGEC) non - seulement sert à démontrer *l'homologie - générale* des *rapports - proportionnels* qui se rencontrent entre les *triangles-rectangles* et les *quarrés*, mais que la *raison-arithgéométrique* qui se passe entre la somme des deux *triangles-rectangles-composans*, et leur *homogène de comparaison*, soit parfaitement *analogue* à celle de deux *quarrés* formés sur *l'hypoténuse* de deux *premiers-triangles*, et la *valeur homogène* du *quarré* formé sur *l'hypoténuse* du *composé*. En effet rien n'est plus facile de concevoir que la *valeur-arithgéométrique* qui se passe entre la somme de deux *triangles - rectangles* IBD $+$ TDC, et le *triangle* ABC (qui est leur homogène de comparaison) soit dans la même *raison - analogique* que la somme des deux *quarrés-composans* DOMC, NGFO et le *quarré* BGEC qui est leur *composé :* et j'ai dit *arithgéométriquement*, parce que, quoiqu'il semble qu'un des deux premiers ne soit que la *quatrième partie* de son tout, et *tous les deux sa moitié :* cependant, lorsque nous examinerons la chose méthodologiquement, et que la somme des *bases* et *hauteurs* de *deux premiers* est dans la même *raison-arithgéométrique* que la *base* et *hauteur* de leurs composés, toute fausse déduction , fille de l'*apparente vérité*, (qu'il est très-facile de rencontrer entre les *termes-symétriques* d'une opération quelconque) s'évanouira aussi bien dans la *réduction des triangles-rectangles* aux *quarrés* de valeur *arithgéométrique* , que dans la *réduction* de *quarrés* aux *triangles-rectangles* de même valeur ; et par conséquent dans la *division*, ou *multiplication - géométrique* de *triangles à triangle*, ou de *quarrés à quarré*.

LIII. Hommes , qui commencez à voir la faible lumière, êtes - vous persuadés ou ne l'êtes-vous pas encore de la quantité innombrable d'*axiomes* , *lemmes* , *théorèmes* , *problèmes* et *corollaires* qui doivent rejaillir de mes *principes - méthodologiques*, lorsqu'on suivra le bon chemin où nous nous sommes enfilés , je veux dire celui qui, de l'é-querre , nous amène au *compas* et réciproquement ? ..... Mais le temps s'envole ;

et il faut qu'une fois je termine un ouvrage qui, comme j'ai dit dans le parag. XLVII, ne doit surpasser les bornes d'un essai. J'aurai donc le plaisir et l'honneur de renvoyer l'attente des lecteurs qui auront envie d'examiner entièrement mon *système* (qui ne dépend dans la partie la plus essentielle que de la *méthode - loxodromique*) aux démonstrations préliminaires de la *Quadrature du Cercle* (qui ne tardera, que jusqu'à ce que j'aie obtenu le juste droit que je réclame par ma *Circulaire du* 24 *Juillet* 1802, insérée dans les premières pages de cet ouvrage) : tandis que je chercherai de m'acquitter dans ce moment de tout autre hommage qui leur est bien dû, en faisant remarquer au bien et à la gloire de la Vérité, mère de la Vertu, que la démonstration d'usage du *Théorème le Quarré de l'Hypoténuse* que je viens de critiquer, n'est pas tout à fait inutile lorsqu'on saura cueillir le fruit de ses produits...... C'est elle seule, en effet, qui nous apprête le *moyen-très-logarithmique* de résoudre le *problème :*

Trouver jusqu'à l'infini deux quarrés harmoni-quement - proportionnels du quarré de l'hypoténuse : puisqu'il est certain , que si un des deux *quarrés* formés sur les *jambes* d'un *triangle - rectangle* , comme ABC (fig. I.) que nous pouvons supposer être BAHI , est parfaitement le *quarré-inscrit* de l'autre formé sur l'*hypoténuse* BC (puisque la *base* du *premier* est précisément à celle du *second* , comme *une des quatre sécantes* est à la *tangente* du même *cercle*), comme celui-ci est le *quarré-inscrit* de l'autre PGCH (qui est le double de BAHI) ; ainsi la moitié de BGEC (c'est-à-dire NGFO) est le *quarré-inscrit* de BAHI, comme celui-ci de BGEC, et comme celui-ci de PGCH jusqu'à l'infini et réciproquement, (puisque la base de ce dernier est à celle de son voisin comme une des *quatre cordes* d'un *quarré-circonscrit* est à une des *quatre* d'un *quarré* inscrit à un *cercle* quelconque) ; ce qu'il fallait démontrer, pour faire l'honneur mérité à une *théorie* qui , quoique étrange à l'objet pour lequel elle a été employée jus-

ne laissé d'être cependant très-utile et spécieuse, et une des *théories-ortodromiques* qui
doivent précéder la *loxodromique*; comme
est celle de la *Quadrature du Cercle*.

LIV. J'espère, après tout cela, que si
quelques-uns des génies pénétrans parmi les
calculateurs (qui ne manquent pas dans
l'Europe), attentant à la propriété de mes
principes, parviendront par ce moyen, à la
solution - axiomatique du *problème* de la
Quadrature du Cercle, pendant ou avant
que j'aie publié la mienne; ils n'exigeront
d'autre profit, que la gloire d'avoir su tirer
avantage de mes principes pour s'élever
d'eux-mêmes à la sublimité d'un but, dont
argumentant par analogie, tout homme
médiocre et travailleur est capable; lorsque le
moyen radical est dévoilé; et qu'ils n'affec-
teront aucune prétention sur les prix et
récompenses attachés (a) à ladite invention,

(a) Par prix et récompenses attachés à la découverte de la *Quadrature du Cercle*, l'Auteur de cet
essai, loin d'entendre ceux qui pourraient voir la
lumière après la publication de son ouvrage, il

qui en juste droit ne doivent appartenir qu'à moi seul. Tandis que moi (se vérifiant le cas prévu) j'aurai pour eux l'égard de leur donner la propriété de l'ouvrage qui contiendra la *solution du problème* énoncé (quoiqu'elle soit fondée sur mes principes) : ce qui ne doit s'entendre pour tout autre qui par ses *ouvrages* de *mathématique* ou appartenantes à une des trois branches quelconques de la *Science-Universelle* , usurpera à moi ou à mes héritiers la propriété sacrée des *principes* et *théories* développés par cet essai les mettant en œuvre sans m'en faire part.

---

n'entend que simplement tout ce qui a été promis à cet effet depuis la création du monde jusqu'à nos jours , quoique quelques-uns aient été illégitimement révoqués ou changés d'objet par les héritiers et successeurs des *êtres* ou *corps-moraux* sages et généreux qui en avaient fondé le légat, excepté, bien entendu , toute promesse qui pourrait avoir été faite avec clause de prescription.

CONCLUSION.

POURRAI-JE, donc croire, après ce faible essai, avoir réveillé cet esprit de *Méthodo-logie* qui, vis - à - vis l'amour de la vérité, doit être dans le cœurs des calculateurs comme l'*angle d'incidence* à celui de *réflexion* ?..... Pourrai-je me flatter d'avoir par lui apprêté aux hommes, qui jusqu'ici n'ont fait que suivre la lumière effrayante de la *raison - approximative*, le moyen de se tirer de cette grotte obscure et environnée de ténèbres qui ne doit être que le seul *point de vue* des soi-disans philosophes ?... Pourrai-je espérer, par ce moyen avoir parfai-tement affranchi aussi bien la *Science* de la *Géométrie* (et par elle la *Science-universelle*) du mépris des *Mathématiciens du jour*, que mon âme affligée de la contrainte d'entendre à chaque instant que je me rencontre dans les ouvrages de ceux-ci, les cris déchirans de la première " *Eli, Eli, lamma sabactani ?*.. „

Pourquoi

Pourquoi pas !..... Parce que les hommes ; (me disent déjà quelques-uns de mes amis d'une belle âme, mais d'un cœur faible) ; parce que les hommes sont rarement justes.... Parce que tous les *Mathématiciens du jour*, qui forment dans le monde policé une masse très-considérable et puissante, blessés de la leçon que vous venez de leur donner, vous feront la guerre, parleront mal de votre *méthodologie*, décrieront vos raisons, et jetteront à terre vos vérités, votre système, vos théories......... Mais, ils ont tort de penser ainsi de tous les *Mathématiciens* en général ; et particulièrement de se persuader que je puisse être de leur avis... Quoique je ne sois pas loin de croire qu'il y aura bien quelques-uns de ces hommes médiocres, qui, par un principe de fausse émulation, chercheront de mal prévenir les gens qui leur sont attachés (et qui, ne connaissant d'aucune manière la *raison-suffisante* des choses, ont déposé dans l'opinion d'autrui la *règle-morale* de ce qui est bon ou mauvais ; de ce qu'on doit suivre et

G

adopter ou rejeter) ou insinuant que mon style n'est pas du tout français, ou attaquant mon ouvrage, comme celui qui n'est diamétralement dirigé qu'à rétablir l'antique superstition des EGYPTIENS et les rêves d'ARISTOTE et de PLATON ; rêves et superstition (disent-ils) qui tendent à ce qu'on appelle l'*Art magique du Sabéisme*, plutôt qu'à l'établissement de la Vertu et de la Sagesse... Cependant, ils ne pourront être certainement vis-à-vis ceux qui doivent penser en ma faveur, qu'un très-petit nombre ; et tels (quant au mérite) de pouvoir librement, sans blesser la vérité, leur répondre par le reproche que JESUS - CHRIST faisait à ses DISCIPLES pendant qu'il était sur la terre: *Vous avez des yeux et vous ne voyez point, vous avez d'oreilles et vous n'entendez point, vous avez du jugement et vous ne comprenez point.....* En effet (quant à la première objection) je conjure ceux qui ne trouveront pas mon style tout à fait français, de regarder la chose et non les mots ; et de se rappeler que je suis Italien, et que je n'ai pas eu autre idée en écrivant mon ouvrage en idiome français , que de l'écrire dans une langue qui est presque celle de toute l'Europe , et de rendre hommage à un pays qui depuis long-tems m'offre un généreux asile ; et j'espère qu'à l'appui de ces deux réflexions , ils seront sans doute plus justes à mon égard , et plus sages dans leur critique. . . . . Quant à la seconde objection , comme elle est vague à tel point qu'elle ne mérite aucune réponse jusqu'à ce que mes contradicteurs aient démontre axiomatiquement que la *Méthodologie* des EGYPTIENS et celle de PLATON et d'ARISTOTE et comme ils ont eu la hardiesse de la caractériser , (car dans les accusations , il ne suffit pas de l'assertion , il faut prouver les fautes avec une telle conviction qu'elles soient sensibles à tous les regards ; et j'espère d'en avoir donné l'exemple) , moi retournant au point d'où j'étais parti , c'est-à-dire , à l'examen , si quelques-uns des *Mathématiciens du jour* , qui nonobstant ce faible essai (suffisant je pense à les convaincre) seront toujours entêtés contre mon système d'exactitude, pourront en quelque manière m'être nuisibles, ou élever les plus légers obstacles à mon *point de vue*, je dis et je vais terminer ici la conclusion, que l'art exact et parfait de calculer est tel, qu'un ouvrage en *Géométrie*, réglé sur ses justes bases, de même qu'il n'a pas besoin des Mécènes pour acquérir de la force et du mérite, comme sont les ouvrages de simple goût, (mais il n'a qu'à paraître, et comme le soleil qui en son lever dissipe tous les nuages de la nuit, il ne pourra que faire évanouir toute sorte d'opinion contraire); ainsi il n'a rien à craindre de fâcheux contre lui de la part des malveillans qui voudraient le décrier et se venger de leur offense illégitime qui ne fera, à coup sûr, que redoubler leur tort, comme celle qui ne cherche qu'à combattre la vérité. En effet, entre les hommes de bon sens peut-on jamais en supposer qui, pour venger leur gloire (comme on dit) voudraient nier que ; *deux et deux font*

quatre ; que deux raisons égales à une troisième sont égales entr'elles ; que le composé
est égal à ses parties composantes ; que les
parties d'un tout quelconque doivent être de
la même nature, espèce ou genre de leur
homogène, homologue ou analogue de comparaison....... Non ..... cela n'est pas possible, et ne sera jamais....... Ce serait une
vengeance mal entendue et point du tout
une vengeance propre à servir cette gloire
juste et sacrée que doit ambitionner l'homme d'honneur et digne d'exister en société
qui est précisément celle d'avouer la vérité,
quand encore elle devrait coûter sa propre
accusation : puisque si la première ne pourrait faire que le plonger davantage dans
son crime, celle-ci, par contraire à justifier son innocence à front de l'apparente
criminosité ; (car ce n'est pas la première
fois qu'on voit l'innocence couverte du
masque du crime, qui n'est fondé que sur
des simples soupçons puisés dans l'appa-
rence, et même très-souvent injustes et
mal placés).... Si nous avons des *crimes en*

nature, qui sont autorisés par *l'antériorité de droit*, aussi nous avons des *crimes en société* qui sont autorisés par le *devoir de préférence* ; de façon que , si en vertu de l'antériorité de droit , *l'homme le plus honnête* est dans le devoir (lorsque l'agression se vérifie) de tuer son agresseur pour mettre en sûreté sa propre vie ; de même en vertu du *devoir de préférence* , le *citoyen le plus probe* (lorsque le bien public l'exige) est dans la contrainte , malgré le principe : *Ne fais pas à autrui, ce que tu ne voudrais pas qu'on te fît*, de faire tout ce qui pourra être utile et nécessaire pour le bien et la prospérité de la grande famille , quoique cette opération puisse devenir nuisible ou préjudiciable à une petite partie quelconque de ses composans. . . . . . Prenant la chose donc sur cet autre *point de vue*, je pourrai conclure , avec plus forte raison , que quand encore quelques-uns des *Mathématiciens du jour* ne sauront pas être généreux et pardonner mon innocent excès (j'en suis très-sûr) j'aurai la plus grande partie des vivans qui sauront défendre mon innocence de la nécessité de les avoir attaqués , et que rendant hommage à la vérité , ils me sauront bon gré de m'être comporté en honnête *Citoyen* et sur les traces de cette *Philantropie* qui est la *base - fondamentale* de tout ce que l'*homme* doit à l'*Etre - Suprême* , à ses *semblables* , et à *soi - même*. Toutefois, j'aurai bien tort si à toutes les raisons exposées j'oubliais d'ajouter encore la plus essentielle , et que je n'ai jamais perdu de vue en publiant ce faible essai , afin de me justifier pleinement vis-à-vis les *Mathématiciens du jour* , qui ne voudront pas se soumettre à ma méthode ; (c'est la maxime très-sacrée avec laquelle le POETE DE VENUSE termine une de ses *Epitres* à LOLLE).

Nec tardum opperior , nec precedentibus isto.

F I N.

TABLEAU

Par ordre Alphabétique de ce qui mérite quelqu'explication à l'égard de ceux qui n'ont pas une connaissance parfaite des termes, techniques de la Science des Mathématiques appliquée à celle de la Méthodologie.

A

Aire. *L'aire d'une surface* quelconque désigne *l'espace* qu'elle contient.

Analogie. *L'analogie* généralement parlant signifie l'identité du *genre* entre deux ou plusieurs *racines*, *grandeurs* ou *puissances* de la même *espèce*.

Analogie parfaite. *L'analogie* est *parfaite*, lorsqu'outre l'identité de l'*espèce* y concourt encore celle de la *nature*.

ANALOGIE Elle est *fausse*, lorsque con-
Fausse.   courant l'identité du *genre*,
           celle de la *nature* et de *l'espèce*
           ne s'y rencontre pas.

ANALOGIE Elle est *apparente*, lorsque l'i-
Apparente. dentité de la *nature* et de *l'es-
           pèce* se rencontrant, celle du
           genre n'y existe pas.

ANALOGIE *L'analogie* s'appelle *de valeur*,
de Valeur. lorsqu'elle regarde les *rapports*
           de la *raison-composée*.

ANALOGIE *L'analogie* est de *rapport*, lors-
de Rapport. qu'elle regarde la *valeur* de
           la *raison-composante*.

ANALOGUE *L'analogue de comparaison* est
de comparai- le *terme connu*, c'est-à-dire,
son.   celui où la lettre inconnue ne
           se rencontre pas entre les
           parties où *monomes* de *genre*
           correspondant qui composent
           une *équation de plusieurs di-
           mensions*.

ANALYSE. *L'analyse*, généralement parlant
         ce n'est que la méthode de
         résolution.

ANGLE. *L'angle plan* est une espace in-défini terminé par la rencon-tre de deux lignes qui se coupent sur un *plan*. Il peut être *rectiligne* , *mixtiligne* , *curviligne*, ou *sphérique*. *L'angle rectiligne* peut être ou *droit* ou *oblique* ; le *sphérique* ou *aigu* ou *obtus* ; et tous ensemble ou *saillans* ou *ren-trans* ; ou *concentriques* ou *excentriques*.

ANGLE Saillant. *L'angle - saillant* ou *angle - vif* est celui qui porte sa pointe vers l'*horizon*.

ANGLE Rentrant. *L'angle-rentrant* ou *angle-mort*, est celui qui porte sa pointe vers la *terre*.

ANGLE Concentri-que. *L'angle - concentrique* , est celui qui, soit *saillant*, soit *rentrant*, a toujours sa pointe dans le *centre de gravité*.

ANGLE Excentrique. *L'angle - excentrique* , est celui qui, soit *saillant*, soit *rentrant*, a toujours sa pointe dans *l'espace de la grandeur.*

ANGLE
d'Incidence Voyez la Science de la *Catop-*
et *trique.*
de réflexion.

ARC *L'arc d'un Cercle,* est une partie
d'un Cercle. de sa *circonférence.*

AXIOME. *L'axiome* est une proposition
si évidente par elle _ même ,
qui n'a pas besoin d'aucune
démonstration.

B

BASE. La *Base* d'une figure plane ou
de tout autre chose régulière
est le plus grand *côté* de son
contour, elle sert à déterminer la *longueur.*

BASE La *Base* soit *fondamentale,* soit
Fondamen- *verticale,* soit *horizontale* d'une
tale - Verti- figure plane quelconque est
cale - Hori- le côté qui dans le tableau
zontale. est respectivement représenté

(109)

par la *ligne fondamentale*, ver-
ticale ou *horizontale*. Voyez
la Science de la *Perspective*.

C

COEFFI-   Les *Coefficiens* sont les quan-
CIENS.   tités connues d'une *équation-
composée*. Ils sont de *second
terme*, de *troisième*, *quatrième*, selon le degré de la *lettre
inconnue* qu'ils multiplient.

COMPAS. Instrument de Mathématique,
composé de deux pièces qu'on
appelle jambes. Il sert pour
décrire des cercles ou des arcs
d'un cercle.

COMPAS Voyez la note IIme. du parag.
de propor- II, pag. xxiv, discours
tion.   préliminaire.

CONCEN- La *Concentricité* est cet *attribut
TRICITÉ.* simple et déterminé qui nous
soutient dans le *centre de gra-*

vité dont tout être par sa *na-*
ture constitutive est doué.

CONTOUR. Le *Contour* ou *Périmètre* d'une
surface désigne les bornes de
sa *grandeur* , ou de l'*espace*
qu'elle contient.

CORDE Une des quatre *cordes* d'un
d'un quarré *quarré-inscrit* dans un *cercle*
inscrit. est égale à la *sécante* de celui-
ci.

CORDE Une des quatre *cordes* d'un
d'un quarré *quarré-circonscrit* dans un *cer-*
cirçonscrit. *cle* est égale à la *tangente* de
celui-ci,

COROL- Le *Corollaire* est la conséquence
LAIRE. qui découle d'une ou plusieurs
autres vérités déjà démontrées.

CO-SÉCANTE. La *Co-sécante* est le double de la
sécante.

CO-TAN- La *Co-tangente* est le double de
GENTE. la *tangente.*

D

DÉFINITION. La *Définition* est l'explication

d'une certaine chose fondée sur des principes appuyés à sa *nature*, à son *espèce*, ou à son *genre*.

DIAGONALE. La *Diagonale* est une *ligne droite de genre penchante* qui sert dans un *quarré* quelconque à joindre les *sommets* de deux *angles non-adjacents*.

DIAMÈTRE. Le *Diamètre d'un cercle*, est une ligne droite de tout genre, tirée par le *centre* d'un *cercle* et terminée de côté et d'autre à la *circonférence*. Celui d'un *quarré* est la *diagonale*.

E

ELI, ELI, Lamma Sabactani. Ce sont les paroles lamentables que notre sauveur prononça sur la croix ; qui, en langage Hébraïque, signifient : *Mon Dieu, mon Dieu, pourquoi m'as-tu abandonné ?* . . . .

ELIMINA-
TION.

Opération Algébrique, pratiquée par les *Mathématiciens
du jour* pour réparer les inexactitudes de leur *méthode-
approximative*.

EQUATION.

L'équation (terme algébrique)
est la comparaison que l'on
fait de deux ou plusieurs *grandeurs* inégales, qu'on appelle
membres de l'équation.

EQUATION
simple.

L'équation s'appelle *simple*, lorsque la comparaison se fait dé-
terminément sur deux seules
grandeurs ; c'est-à-dire, qui n'a
qu'une seule dimension.

EQUATION
composée.

L'équation est composée , lorsque la comparaison a plusieurs
membres et plusieurs dimensions.

EQUATION
primitive.

L'équation - primitive est celle
dont les *racines , grandeurs* et
puissances sont données , et
connues par conséquent.

EQUATION

EQUATION L'*équation - dérivative* est celle
Dérivative. dont les *racines* , *grandeurs* et
puissances sont inconnues et
doivent se chercher du point
de l'*équation-primitive*.

EQUATION L'*équation affectée par addition*
affectée par ou par *soustraction* doit être
addition ou nécessairement une *équation-
par soustrac- composée* ; c'est - à - dire , de
tion ou de plusieurs dimensions. Elle est
l'une et de dite *affectée par addition* lors-
l'autre que tous les *termes inconnus*
manière. sont *affirmés* : elle est dite
affectée par soustraction lorsque tous les *termes inconnus*
sont *niés* : et finalement elle
est dite *affectée par addition
et soustraction* dans le même
tems , lorsque les *termes - inconnus* sont en partie *affirmés*
et en partie *niés*. Voyez l'*Algèbre*.

EQUATION L'*équation constitutive* d'un pro-
Constitutive blème est celle qui a été trouvée

H

d'un par la *méthode - zététique* , et
problème. que par l'*exégétique* on reduit
en nombres ou en lignes pour
la solution du problème.

ÉQUERRE. *L'équerre* , que quelques - uns
appellent *Equierre* , est un
instrument - mathématique de
bois ou de métal , composé
de deux règles plates atta-
chées ensemble par l'une des extrémités à angle droit , et dont
on se sert pour *équarir* , c'est-
à-dire , pour faire des angles
droits et pour dresser une
planche quelconque , en sorte
que tous les angles soient
droits et qu'elle soit égale par-
tout.

ESPÈCE. *L'espèce* est la caractéristique
des propriétés qui se rencontrent dans tous les différens
êtres qui existent sur la surface de l'hémisphère ; elle
démontre la *valeur* ou les

(115)

rapports-homologues entre tous ceux qui sont soumis au *calcul de comparaison*.

EXCENTRI-CITÉ. *L'excentricité* est cet attribut composé et indéterminé qui, du *centre de gravité* par la *réciprocation*, nous attire vers celui du *mouvement*. Elle marque le *centre de grandeur*, dont tout être par sa nature constitutive est doué.

EXPOSANT. *L'exposant* est le *nombre*, la *ligne* ou toute autre chose qui exprime le degré de la *puissance*, dont est affectée la *grandeur-intermédiaire* donnée, ou cherchée.

EXTRÊME. *L'extrême* est un des deux termes d'une *proportion*, *progression*, *équation-composée* ou *logarithme* quelconque. Il est l'*exposant* de la racine *primitive*, si l'opération est en croissant ; l'exposant de la

H ij

puissance-primitive , si l'opération est en décroissant ; et réciproquement.

F

FAUX point de vue, de distance, d'appui. Pour se garantir des *faux points de vue*, *de distance* et *d'appui* il faut savoir retrouver ceux qui sont les véritables. Ce sont des connaissances qui appartiennent privativement à la *Science* de la *Perspective* , et dont il est impossible par conséquent que je puisse dans ce moment donner une *analyse parfaite.*

FORME. La *Forme* est l'adjoint de la matière ; elle détermine la figure et les rapports démonstratifs de la *caractéristique* , dont sont affectées les différentes *racines* , *grandeurs* ou *puissances* mises en comparaison.

G

GENRE. Le *Genre* est la caractéristique des *qualités* qui se rencontrent dans tous les différens êtres qui existent sur la surface de l'hémisphère. Il démontre la *valeur* et les *rapports-analogues* entre tous ceux qui sont soumis au *calcul de comparaison*.

GÉOMÉTRIE. La *géométrie* en général est la science de la *grandeur* par rapport à elle-même , sans y comprendre aucun mélange de *racine* ou *puissance*. Elle se divise en *spéculative* et en *pratique*.

GÉOMETRIE Spéculative. La *géométrie-spéculative* ou *théorique* considère simplement les propriétés de la quantité continue.

GEOMETRIE Pratique. La *géométrie-pratique* emploie les connaissances et règles qui lui sont fournies par la *spé-culative* pour réduire en pratique tous les problèmes qui peuvent être d'usage dans la vie.

GRANDEUR. La *grandeur* méthodologiquement raisonnant est le tout élevé à la *puissance zéro*, qui est le *moyen-proportionnel* entre la *racine* et la *puissance* ; elle peut se regarder sous une infinité d'aspects différens (de même que les *racines* et les *puissances*) c'est-à-dire, *finie* et *indéfinie* ; *variable* et *invariable* ; *commensurable* et *sourde* ou *incommensurable* ; *simple* et *composée* ; *quarrée* , *cubique* , *logarithmique* et *sphérique* : ce qui est impossible de discuter ici ; et que j'analyserai pleinement dans mon cours de mathématiques.

GRANDEUR. Une *grandeur élevée à la puis-*

Elevée à la puissance zéro. *sance zéro*, quoiqu'elle soit dé-terminée, et qui n'augmente pas de valeur; cependant par les règles de l'*équation consti-tutive d'un problème quelcon-que*, elle, dans l'opération, doit être exposée de telle façon pour désigner un *tout* dont par la *méthode - exégétique* on cherche sa *racine* ou sa *puis-sance*, selon que l'opération sera *croissante* ou *décroissante*.

Gnomoni-que. La *Gnomonique* ou *Horlogio-graphie*, comme toute autre science, peut être *théorique* ou *pratique*, c'est-à-dire, *spécieuse* ou *directe*.

Gnomonique pratique ou directe. La *Gnomonique - pratique* ou *directe* est l'art de tracer des *quadrans-solaires*; c'est-à-dire, la science qui, par le moyen des *rayons* du *soleil* ou de quelqu'autre *astre-visible*, di-vise le *tems* en parties égales et représente sur un plan la machine du premier mobile.

GNOMONIQUE Théorique ou Spécieuse. La *Gnomonique-théorique ou spé-cieuse* est l'art de former des *quadrans-métaphysiques*; c'est-à-dire, la science qui, par le moyen des *rayons* de la *raison* ou de quelqu'autre *astre invi-sible*, divise et proportionne le *tableau* de la *Science-Uni-verselle* en parties symétriques, et représente à notre *intellect* l'image et les attributs du *Grand-Architecte de l'Univers*.

H

HAUTEUR. *La hauteur* d'une surface quel-conque est le plus grand dia-mètre de son *aire*; elle sert à déterminer la *largeur*.

HOMOGE-NÉITÉ. *L'homogénéité* généralement par-lant signifie l'identité de *nature* entre deux ou plusieurs *racines*

	grandeurs ou *puissances* du même *genre.*
HOMOGE- NEITÉ Parfaite.	*L'homogénéité* est *parfaite*, lorsqu'outre l'identité du *genre* y concourt encore celle de l'espèce.
Fausse.	Elle est *Fausse*, lorsque concourant l'identité de la *nature* celle de l'*espèce* et du *genre* ne s'y rencontre pas.
Apparente.	Elle est *apparente*, lorsque l'identité de l'*espèce* et du *genre* se rencontrant celle de la *nature* n'y existe pas.
HOMOGÉ- NEITÉ de valeur.	*L'homogénéité* s'appelle de *valeur* lorsqu'elle regarde les *rapports* de la *raison-composée.*
HOMOGE- NEITÉ de Rapport.	*L'homogénéité* s'appelle de *rapport*, lorsqu'elle regarde la *valeur* de la *raison-composante.*
HOMOGÈNE de comparaison.	*L'homogène de comparaison* est le *terme connu*, c'est-à-dire, celui où la lettre inconnue ne se rencontre pas entre les

parties ou *monomes* de *nature* correspondante qui composent une *équation de plusieurs dimensions.*

HOMOLOGIE. *L'homologie* généralement parlant, signifie l'identité de l'*espèce* entre deux ou plusieurs *racines*, *grandeurs* ou *puissances* de la même *nature.*

HOMOLOGIE Parfaite. *L'homologie est parfaite*, lorsqu'outre l'identité de la *nature* y concourt encore celle du *genre.*

Fausse. Elle est *Fausse*, lorsque concourant l'identité de *l'espèce* celle du *genre* et de la *nature* ne s'y rencontre pas.

Apparente. Elle est *apparente*, lorsque l'identité du *genre* et de la *nature* se rencontrant, celle de *l'espèce* n'y existe pas.

HOMOLOGIE de Valeur. *L'homologie* s'appelle de *valeur* lorsqu'elle regarde les *rapports* de la *raison composée.*

Homologie de Rapport. — *L'homologie* s'appelle de *rapport* lorsqu'elle regarde la *valeur* de la *raison-composante*.

Homologue de comparaison. — *L'homologue de comparaison* est le *terme connu*, c'est-à-dire, celui où la lettre inconnue ne se rencontre pas entre les *parties* ou *monomes* d'espèce correspondante, qui composent une *équation de plusieurs dimensions*.

Heterogeneité. — *L'hétérogénéité* signifie manque d'*homogénéité*.

Heterogeneité parfaite ou irréductible. — *L'hétérogénéité parfaite* ou *irréductible*, c'est lorsque elle est diamétralement opposée à l'*homogénéité parfaite*.

Heterogeneité réductible de premier degré. — *L'hétérogénéité réductible de premier degré*, c'est-à-dire, *réductible - ortodromiquement*, c'est lorsque l'*homogénéité* soit de *valeur* soit de *rapport* est *apparente*.

HETEROGE- *L'hétéréogénéité réductible de*
NEITÉ *second degré*, c'est-à-dire, *ré-*
de *ductible loxodromiquement*,
second c'est lorsque l'*homogénéité* soit
degré. de *valeur* soit de *rapport* est
fausse.

HETERO- L'*hétérologie* signifie aussi bien
LOGIE. le manque d'*Analogie*, que
celui d'*homologie*; dans le premier cas elle s'appelle *hétéro-*
logie de genre, dans le second
hétérologie d'espèce.

HETEROLOGIE L'*hétérologie parfaite* ou *irré-*
parfaite *ductible*, quant au *genre*,
ou c'est lorsqu'elle est diamétrale-
irréductible. ment opposée à l'*analogie-*
parfaite; quant à l'*espèce*,
lorsqu'elle est diamétralement
opposée à l'*homologie-parfaite.*

HETEROLO- L'*hétérologie réductible de pre-*
GIE *mier degré*, c'est-à-dire, *orto-*
réductible *dromiquement*, quant au *genre*,
de c'est lorsque l'*analogie* soit de
premier *valeur*, soit de *rapport* se ren-

degré.	contre *apparente* ; quant à l'*espèce*, c'est lorsque l'*homologie* soit de *valeur* soit de *rapport* se rencontre *apparente*.
HÉTÉRO-LOGIE réductible de second degré.	*L'hétérologie réductible de second degré*, c'est-à-dire, *loxodromiquement*, quant au *genre*, c'est lorsque l'*analogie*, soit de *valeur*, soit de *rapport*, est *fausse* ; quant à l'*espèce*, lorsque l'*homologie* soit de *valeur*, soit de *rapport* est *fausse*.
HYPOTÉNUSE.	*L'hypoténuse*, c'est la *base* de tous *triangles-rectangles* ou *rectilignes* ; en un mot elle est le *côté* d'un *triangle* qui est opposé au *sommet* lorsque celui-ci est *rectangle* ou *rectiligne*. M. **OZANAM** dans son *dictionaire mathématique* présente une distinction puérile et tout à fait contraire à l'idée de l'*hypoténuse*, lorsque en parlant

du *triangle-rectangle* en nombres, dit " ce sont trois nom-
„ bres rationnels dont les deux
„ plus petits, que l'on appelle
„ *base* et *hauteur* du *triangle*
„ sont tels que leurs *quarrés*
„ sont ensemble égaux au
„ *quarré* du plus grand ap-
„ pelé hypoténuse. „ Mais
tout cela est une conséquence
de l'erreur fondamentale que
nous venons de faire remarquer ; puisqu'il est incontestable, comme a dit égrége-
ment PIERRE-METASTASE que

. . . . . . ; *Dopo un error commesso*
Necessario si rende ogni altro eccesso.

HYPOTHÈSE. *L'hypothèse* est un terme philoso-
phique, qui signifie la suppo-
sition de quelque chose ; et
par conséquent, *hypothèse-
méthaphysique* ; signifie une
supposition abstraite.

HYPOTHÈSES des Ellipses. *Les hypotèses des Ellipses* sont des *problèmes logico-métaphysiques* qui regardent la sublime science de *l'astronomie* et dont pour en saisir parfaitement la démonstration, outre qu'il faut avoir une connaissance claire et distincte du *calcul de réduction* en général, il faut être particulièrement approfondi dans le calcul des *réductions loxodromiques*, afin de ne pas augmenter cette confusion que beaucoup d'astronomes par leur art inexact de calculer ont répandu sur le sujet des *hypothèses de l'ellipse*; je me crois dispensé pour le moment de donner mes idées sur cette partie.

I

IMMÉTHO-DOLOGIE. *L'imméthodologie*, c'est le man-

DOLOGIE. que parfait de la méthodologie ; voyez ce mot.

INTERPO-
LATION. *L'interpolation* , c'est une des
opérations pratiquées par les
Algébristes-modernes ; voyez les
traités d'*algèbre* les plus ré-
cents.

L

LEMME. Le *lemme* est l'exposition d'une
ou plusieurs vérités , prépara-
toires à la solution ou démonstration d'un *problème* ou *Théorème*.

LIGNE. La *Ligne* est une étendue en
longueur sans *largeur* ni *pro-
fondeur.* Comme tout autre
chose elle a une *nature*, une
espèce, un *genre* ; et par conséquent peut être *homogénique, homologique, analogique,*
comme nous allons le faire
voir.

LIGNE Analogique. La *ligne-analogique* est celle qui est du même *genre* d'une autre de la même *espèce* avec laquelle elle est ou doit se soumettre au confront : deux *lignes* sont du même *genre* lorsqu'elles sont toutes les deux *verticales*, *horizontales* ou *penchantes*.

LIGNE Homologique. La *ligne - homologique* est celle qui est de la même *espèce* d'une autre de la même *nature* avec laquelle elle est ou doit se soumettre au confront : deux lignes sont de la même *espèce* lorsqu'elles sont toutes les deux *droites* ou *courbes*.

LIGNE Homogénique. La *ligne - homogénique* est celle qui est de la même *nature* d'une autre du même *genre* avec laquelle elle est ou doit se soumettre au confront : deux lignes sont de la même *nature* lorsqu'elles sont toutes

I

les deux *concentriques* ou *ex-centriques.*

LIGNES
Fondamentales Voyez ces mots dans la
ou science de la *perspective.*
Géométrales.

LOGARI-
THMES.

Quelle que soit l'idée qu'ont attachée aux *logarithmes* les *Mathématiciens du jour*, j'entends par *logarithme* la *méthode raisonnée et axioma-tique de calculer.* En publiant, dans mon *Cours de Mathéma-tiques* le *Système des logarith-mes* de mon invention, je se-rai dans le cas de justifier tout à fait au bien de l'hu-manité et à la confusion de quelque contradicteur ce qui à présent n'est qu'une simple et pure assertion.

LONGIME-
TRIE.

La *Longimétrie* est la *science* qui nous enseigne à *calculer des lignes en général* ; c'est-à-

dire, .à mesurer ou proportionner tout ce qui est affecté
ou peut s'envisager comme
affecté de la simple *longueur*.
Comme toute autre branche
des Mathématiques, elle peut
se considérer ou comme *théo-*
rique, c'est-à-dire *spéculative*,
ou comme *pratique*. La *théo-*
rique est celle qui nous enseigne à *proportionner les li-*
gnes considérées comme parties composantes d'un *tout*
quelconque envisagé de *lon-*
gueur ; la *pratique* est celle
qui nous enseigne à *mesurer*
la *longueur*, considérée comme
un *composé* de *lignes* envisagées en parties composantes.
La *première* prend sa *base* du
calcul différentiel; la *seconde*
de *l'intégral* : cela fait, que
la *longimétrie*, méthodologiquement parlant, comme je le

ferai voir dans mon *Cours de Mathématiques*, doit s'appeler *exponentielle* lorsqu'elle développe dans le même tems les principes, aussi de l'une, que de l'autre branche.

Lunules d'Hypocrate. Voyez le *Corollaire VII* du *Théorème*, *le quarré de l'hypoténuse* démontré par le cit. Bossut, dans la IIme. *partie* de son *cours de géométrie* *chap.* IV, *parag.* 168. Il est inutile après les principes que nous venons d'établir de démontrer la fausseté de l'objet auquel les *lunules d'Hypocrate* ont été dirigées : elles serviront, (pour ceux qui voudront adopter mon système) pour apprêter le moyen axiomatique de résoudre le *problème : Trouver jusqu'à l'infini deux cercles harmoniquement proportionels de celui*

qui a pour diamètre l'hypoténuse d'un triangle - rectiligne.
Le tout pour une *analogie*
parfaite de ce que nous avons
dit à la fin du dernier problème,
au sujet du *théorème de l'hypoténuse.*

M

Matiere. La *Matière*, métaphysiquement
parlant, est le *sujet* de tout ce
qui peut s'envisager de *forme.*
Matériaux. Les *Matériaux* sont les *moyens*
qui de la *matière* font monter
à la *forme* et de la *forme*
font descendre à la *matière*. La
matière donc de toute sorte de
production que ce soit est le
sujet de *l'opération*, la *forme*
l'objet, et les *matériaux* les
moyens. Selon mon *système de
méthodologie*, le *sujet d'une*

opération croissante est sa *racine-primordiale* ; d'une *opération décroissante* la *puissance intégrale* : l'objet d'une *opération de la première nature* est la *puissance-intégrale* ; en décroissant est la *racine-primordiale* : et les *moyens* ainsi dans le *premier* que dans le *second* cas sont les *grandeurs - intermédiaires* , qui peuvent être aussi bien *concentriques* qu'*excentriques*, quoique toujours de la même *nature*.

MÉTHODE. La *Méthode*, généralement parlant, est l'*art* de disposer une suite de plusieurs *idées* ou *productions* soit simples, soit *composées*, afin de démontrer tout ce qui par le moyen du *raisonnement* ou du *calcul* est capable de démonstration ; elle s'appelle *synthétique* (selon quelques-uns , *méthode de doctrine*) lorsque par sa conlusion elle tend à composer; *ana-lytique*, (selon quelques-uns *méthode d'invention* (lorsque par sa conclusion elle tend à *ré-soudre*. En un mot elle est vis-à-vis le *Système* comme la *pratique* à la *théorique*.

MÉTHODE Exacte. La *Méthode* est *exacte*, lorsqu'elle conduit à la *vérité-réelle* et réciproquement.

MÉTHODE Approxima-tive. La *Méthode* est *approximative*, lorsqu'elle conduit à la *vérité-apparente* et réciproquement.

MÉTHODE zététique. La *Méthode-zététique* est celle dont, en cherchant la *raison* et la *nature* des choses, on se sert pour résoudre un *problème-mathématique* quelconque.

MÉTHODE Exégétique. La *Méthode-exégétique* est celle dont, procédant par la *zététi-que*, on se sert pour trou-ver les *racines*, *grandeurs* ou *puissances* d'une *équation* quelconque soit en *nombres* soit en *lignes* , soit en *surfaces*, soit en *triangles* , selon que ce *problème* est *numérique* , *longimétrique* , *planimétrique* , *trigonométrique*. . . . .

MODERATION. La *modération* en *politique* , est ce qui est là *méthode-approximative* dans la *Science du calcul* : elle est la fraude à la loi, et ne peut faire que dés sujets injustes.

MONOME. Le *Monome* est une grandeur qui n'a qu'un seul nom , c'est-à-dire, qu'un seul terme; de même que *polynome* ou *multinome* , une grandeur composée de plusieurs *monomes*.

N

NATURE. La *Nature* de toute sorte de production est celle qui dépend des *attributs* inhérens à tout ce qui peut se soumettre au *calcul de comparaison* : elle constitue entre les *parties composantes d'un tout* quelconque ce qu'on appelle *homogénéité*.

O

OPÉRATION. *L'opération* en terme *méthodologique* est toute sorte d'action qui produit un effet capable de se soumettre au calcul, ou pour mieux dire, une action dirigée selon les règles exactes de la *théorie*, et qui est digne de se produire à exemple. Toute opération peut être *arithmétique*, *algébrique*, *géométrique* selon la *nature*, le *genre* et l'espèce des *matériaux* qui la composent ou du *sujet* et *objet* qui la dirigent.

P

PARALLELE. *Parallèle* se dit de toute forme de production qui est équidistante d'une autre de la même *espèce*.

PARTIES Aliquotes et Aliquantes. Les *parties*, généralement parlant, sont les *composans* d'un *tout* quelconque, et sous cet aspect elles peuvent être *aliquotes et aliquantes* ; *aliquotes et aliquantes géométriques* ; et *aliquotes et aliquantes arithmétiques* ; mais les *parties* d'un *tout déterminé* doivent être inévitablement *aliquotes*, parce que si dans le *premier cas* on peut considérer le *tout* sans en déterminer la *valeur*, dans le *second la valeur* étant déterminée les parties qui constituent le *résultat de la comparaison* ne peuvent être qu'*aliquotes*, c'est-à-dire , *arith-géométriquement - proportionel-les* de leur *tout* , soit qu'elles soient *géométriques* , soit qu'elles soient *arithmétiques*.

PENTAGONE Symétrique. Le *Pentagone - symétrique* est une *figure - plane* de cinq côtés rangés en *symétrie* (comme celui de ABGEC dans la *fig*. I et IV. Il serait *régulier* si tous ses *cinq-côtés* étaient de la même *valeur* , et *irré-gulier* s'ils étaient comme ceux de la *figure* II.

PERPENDI-CULAIRE. La *perpendiculaire*, pour la dé-finir méthodologiquement , est une *ligne-déterminée* arithgéo-métriquement proportionelle de la *ligne-verticale* tirée sur le même *plan* , mais qui a son *point radical* diamétrale-ment opposé et parallèle de celui de l'autre.

PERPENDI- La *perpendiculaire* est dite con-

CULAIRE Concentrique. *centrique*, lorsqu'elle divise exactement la *ligne*, l'*angle* ou le *plan* d'où elle descend, ou sur lequel elle plombe, en parties *aliquotes - géométriques*.

PERPENDI- CULAIRE Excentrique. Elle est dite *excentrique* lorsque les parties constitutives du *quotient* sont *aliquotes-arithmétiques*.

PERSPECTIVE Pratique. La *perspective-pratique* est la science de tout ce qui, à l'aide du *calcul logico-mathématique*, peut se soumettre à démonstration sur le *tableau* de la *perspective-théorique*, qui représente une des trois branches *théoriques* constitutives de l'*optique*, savoir la *dioptrique*, la *catoptrique* et la *perspective*.

PLAN. Le *plan* est un terme appartenant aussi bien à la Science de la *géométrie* qu'à celles de la *perspective*, *architecture* et *fortification.* Dans le premier cas il signifie une *superficie* qui a toute ses parties parallèles l'une de l'autre de manière qu'il constitue une *surface-simple.* Cette *surface* peut être de triple nature, ce qui en second lieu, a rapport aux *superficies-composées*, constituées par les *plans* appartenans à la science de la *perspective*, à celle de l'*architecture*, et à celle de la *fortification*, appelés *scénographie*, *ichnographie*, et *orthographie.*

PLAN Scénographique.
Le *Plan-scénographique* est celui qui représente le *tableau* qui est sous le *point de vue* dans les opérations appartenantes à la science de la *perspective*; voyez cette science.

PLAN Ichnographique.
Le *Plan-ichnographique* est celui qui représente le *trait-fondamental d'un ouvrage de guerre*

dans les opérations appartenantes à la *fortification ;* voy.
cette science.

PLAN Le *Plan-orthographique* est celui
Orthogra- qui représente l'*élévation géo-*
phique. *métrale* dans les opérations appartenantes à la science de
l'*architecture ;* voyez cette
science.

POINT Le *Point de visée* ou *parallèle*
de Visée. *à l'horizon ,* c'est le point
qu'on vise de loin à l'aide
des *lunettes* par les *ingénieurs*
ajoutées aux *niveaux* pour
dresser ou applanir ce qui
doit être *horizontal.*

POINT Le *Point de vuè moral* est l'objet
de vue *métaphysique* d'un raisonne-
Moral. ment, appliqué ou réglé selon les principes de la *pers-*
pective-pratique.

PROBLÈME. Le *problème* est une proposition qui exige une solution
et qui par celle - ci rappelle

les principes *théoriques* déjà démontrés.

PROGRESSION et Proportion. Voyez l'*arithmétique*.

PROPOSITION. La *proposition* a rapport à tout ce qu'on peut soumettre à démonstration ou solution.

PUISSANCE. La *puissance* est un des *termes extrêmes* d'une *progression* ou *proportion - continue*, et celle qui est diamétralement opposée à la *racine*,

Q

QUARRÉ ou Tétragone. Le *quarré*, autrement *tétragone*, quoique généralement parlant, est une des *figures quadrilatères* ou *rectilignes* terminées par quatre côtés, cependant la plus parfaite et régulière, est celle précisément qui, outre les *quatre-angles-rectangles*, a ses *quatre côtés égaux* et arith-géométriquement proportionels l'un de l'autre.

QUARRÉ Inscrit. Un *quarré* s'appelle *inscrit*, quant à son étendue, lorsqu'il est formé par les *quatre cordes* d'un *cercle*, de manière qu'il reste *circonscrit* par la circonférence du *cercle*.

QUARRÉ Circonscrit. Un *quarré* s'appelle *circonscrit*, lorsqu'il est formé par les *quatre tangentes* d'un *cercle*, de manière que celui-ci reste *circonscrit* par le *contour* du *premier*.

QUARRÉ Long ou Barlong. Un *quarré-long* autrement *barlong* est celui dont la somme de ses deux *côtés-fondamentaux* et *horizontaux* est moindre de celle de deux *côtés-verticaux*.

QUARRÉ Large ou Rectangle. Un *quarré-large* autrement *rectangle* est celui dont la somme de ses deux *côtés-verticaux* est moindre de celle des deux

côtés

côtés-fondamentaux et *horizon-taux.*

QUOTIENT. Le *quotient* est le résultat de l'*opération divisoire*, et celui qui dans la *réciprocation - inverse* qu'on fait par la *multiplication* est diamétralement opposé au *produit.*

R

RACINE. Voyez *puissance et grandeur.*

RACINE Sourde. La *racine-sourde* (c'est-à-dire *incommensurable*) est celle qui ne peut pas se proportionner exactement avec ses *grandeurs*, et sa *puissance* correspondante, et par conséquent est le résultat d'une opération absurde et qui doit s'éloigner de la science de la mathématique. Dans l'*arithmétique* et *algèbre* qui feront partie de mon *Cours de Ma-*

thématique cette vérité sera éclairée et démontrée axioma-tiquement.

RAYON. Le *rayon* est une ligne droite quelconque, qui du *centre* d'un *cercle* est tiré à sa cir-conférence.

RAISON. La *raison* est le résultat de rapports, et dans les opérations composées elle est l'*homogène*, l'*analogue* ou l'*homologue de* comparaison de *rapports diffé-rentiels* de même *nature*, genre et espèce, comme dans les opérations composantes elle est l'*homogène*, l'*analogue* ou l'*ho-mologue de comparaison des rap-ports-intégraux* de même *nature* genre et espèce. De là suit que lorsque la *raison* est l'*homogène*, l'*analogue* ou l'*homologue de* comparaison des rapports - ex-ponentiels de même *nature*, genre et espèce, elle est le ré-

sultat - logarithmique des *rapports composans* et *composés.* Voilà tout ce qu'on peut dire en abrégé.

RAPPORTS. Voyez l'article précédent.

RÉCIPROCATION. La *réciprocation* est la même chose que la réciprocité d'un point de vue, ou d'une action quelconque. J'ai voulu me servir de cette expression, comme un terme équivalent (pour ce qui regarde l'exposition) à celui qui est employé par quelques Philosophes pour désigner le mouvement réciproque qui est imprimé aux pendules par le mouvement de la terre ; car moi qui suis né en *Calabre* je crains beaucoup les tremblemens de terre, et je ne suis point du tout du sentiment de ces Physiciens, quant à l'idée résultante du mouve-

K ij

ment de cette *planète* ; mais
ce sera un des principes que,
si le tems m'est favorable, je
développerai dans mon *système*
d'astronomie.

RÉDUCTION
à l'Absurde. La *Réduction à l'absurde* est
une opération tout à fait *lo-*
gico-mathématique , par laquelle dans les démonstrations
on fait voir que le contraire
serait impossible ou contra-
dictoire, et absurde par conséquent : Voyez A. M. LE
GENDRE, dans ses *élémens de*
Géométrie , dans le *scolie* de
la *proposition* XXIII, *liv.* III.

S

SABÉISME. Le *Sabéisme* est le nom qu'on
donne à la religion des anciens
Mages, qui a pour objet l'a-
doration du *feu*, du *soleil*
et des *astres*.

Science. La *Science* est une connaissance des *principes-théoriques*
de la *méthodologie*; de même
que l'*art* l'est de *principes-
pratiques*.

**Science
Universelle.** La *Science - Universelle* est la
théorie-logico-mathématique de
l'*Architecture-Universelle* ; et
par conséquent de trois *bran-
ches-théoriques* qui composent
celle-ci, c'est - à - dire , de la
morale, de la *politique*, et de
la *littérature*.

**Science
du Calcul.** La *Science du Calcul* est une
des *parties-théoriques* qui regardent la branche de la *littérature* ; et proprement celle
qui appartient aux *mathématiques*. ARISTOTE l'appelait la
science des enfans, et il exigeait que ses élèves l'eussent
apprise avant la *philosophie* ;
et cela non - seulement pour
recueillir l'esprit des jeunes.

gens, mais pour les disposer
à la science de la *méthodologie* et par ce moyen à celle
de l'*architecture - universelle.*
Le divin PLATON qui plus
que tout autre philosophe de
ceux qui ont succédé à PY-
THAGORE semble avoir médité
sur le *plan - géométral* de la
Gnomonique spécieuse (voyez
la page XXIV *du discours préliminaire ,* aux annotations)
n'admettait personne à son
école sans qu'il ne sût la *géométrie.* L'exemple de PLATON
devrait être une loi inviolable
pour l'*ordre de la maçonnerie ,*
si on voulait que les *maçons*
(aujourd'hui généralement dédiés à trinquer le verre) ap-
portassent de l'*utilité* aux *états-
civils ,* et fissent honneur à la
gloire du *Grand-Architecte de
l'Univers ,* qui est le seul

Instituteur de cet ordre si sublime et spécieux destiné à
éclairer le monde, lorsqu'on
est dans le cas de pouvoir lui
rendre hommage.

SECTEUR Le *Secteur-indéterminé* ou *ré-*
Indéterminé *ductible* est celui qui divise
ou exactement un tout en parties
réductible. hors de raison; mais telles que
dans l'*opération-proportionnelle-*
continue le résultat soit toujours *géométrique*; comme p.
e. 2 est le *secteur* exact de
6, et le *résultat* 3, qui est
un terme hors de raison entre
le *diviseur* et le *dividende*
donnés, est un des *moyens pro-*
portionnels géométriques lorsqu'on y ajoutera le *quatrième*
terme.

SECTEUR Le *Secteur - déterminé* ou *loga-*
Déterminé *rithmique* est celui qui divise
ou exactement un tout en parties
directement proportionnelles-

Logarithmique. géométriques , et telles que dans la *proportion-continue* le résultat est *arithmétiquement-proportionnel* aussi du *diviseur* que du *dividende* , considéré isolément d'un de ces deux termes ; comme p. e. 2 est le *Secteur-exact* de 8 , et 4 qui en est le *résultat* est non-seulement le *moyen-proportionnel géométrique* de la *progression-continue* qu'on peut former entre lui, le *diviseur* et le *dividende* , mais un des *deux extrêmes* de la *progression-arithmétique continue* qu'on peut former en trouvant le moyen proportionnel entre 2 et 4 ou entre 4 et 8.

Segmens. Les *segmens* d'un tout quelconque sont les parties constitutives du *produit* du *quotient* multiplié par le *diviseur.*

Signes. Les *signes* sont certaines conventions allégoriques ; ou pour mieux dire, les allégories de convention. Dans mon système ils sont les mêmes que dans tous les ouvrages de mathématiques du monde ; seulement j'ai été obligé d'y ajouter le signe de la *raison*, *porportion* et *progression - arithgéométriques*, qui dépendent d'une opération de mon invention ; voyez la page 79.

Synthèse. La *Synthèse*, généralement parlant, ce n'est que la méthode de composition.

Système. Le *système* est à la *méthode*, comme la *Théorie* à la *Pratique*, ou si vous voulez comme la *Science* à l'*Art*.

T

Tangente. La *Tangente* est vis - à - vis le *cercle* qu'elle touche comme

la corde d'un *quarré-circons-*
crit.

THÉORÈME. Le *Théorème* est une *proposition* qui a besoin d'être démontrée ; et qui ne tend qu'à établir une théorie capable à ramener à l'*axiome.*

THESE. La *Thèse* est généralement tout ce qui exclut de la supposition.

V

VALEUR. *Valeur*, voyez *Rapport.*

Z

ZÉTÉTIQUE. Voyez *Méthode-zététique.*

FIN.

TABLE

Fin de la Table.

E R R A T A.

Page XIII ; ligne 18 , de corps *lisez* des corps . . . . .

Page XVIII , ligne 8 , *Comophysique* lisez *Cosmophysique*

Même page, ligne 17 , M. Wolff et *lisez* M. Wolff est

Page 9, ligne 11 , c'est l'esprit *lisez* c'est que l'esprit

Même page, ligne 12 , chucun *lisez* chacun

Page 11 , ligne 1 , dans le discours *lisez* dans le decours

Page 14 , ligne 10 , cet petit *lisez* ce petit

Page 17 , ligne 11 , convenons *lisez* convenance

Même page, ligne 19 , *nature de l'espèce* lisez *nature , que de l'espèce*

Page 34 , ligne 10, *arithgéométriquement-proprotionnelles* lisez *arithgéométriquement-proportionnelles.*

Page 46 , ligne 2 ; vis-à-vis la *demi-base* lisez vis-à-vis la *base*

Page 49 , ligne 24 , *à chacun de trois* lisez *à chacun des trois*

Page 50 , ligne 14 , *rapport d'homologie* lisez *rapport d'analogie*

Page 56 , ligne 10 , *donnés „ ;* lisez *donnés „) ;*

Page 80 , ligne 12 , PQ et par le *sommet* A lisez PQ est par le *sommet* A

Page 84 , ligne 14 , *décroissant* lisez *décroissante*

Page 93 , ligne 24 , employée jus- lisez employée jusqu'ici

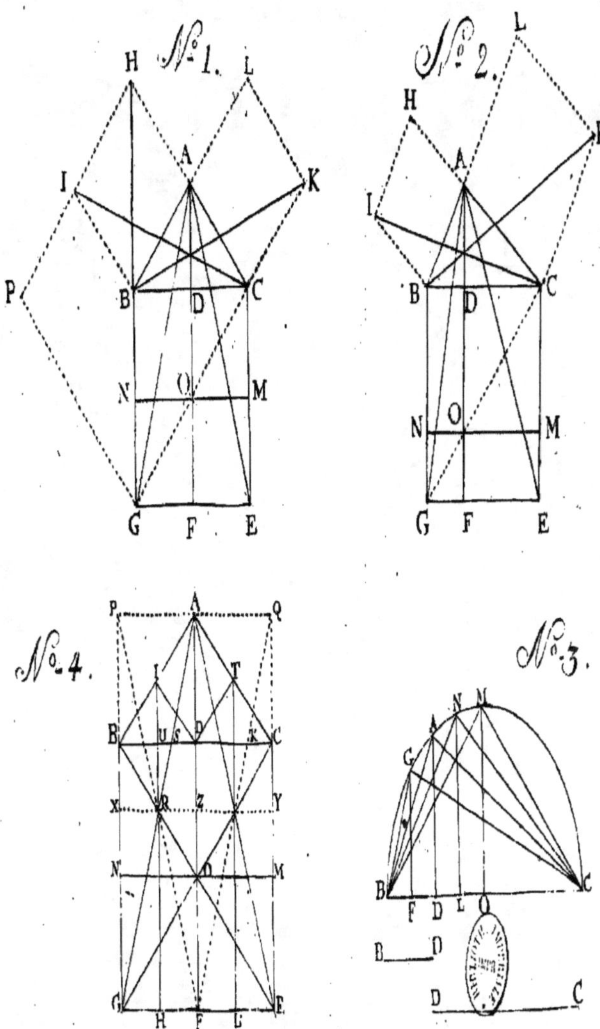

Nᵒ 1.
H L
A
I K
P B D C
N O M
G F E
Nᵒ 2.
L
H K
A
I
B D C
N O M
G F E
Nᵒ 4.
P A Q
I T
B U S D K C
X R Z Y
N D M
G E
H F L
Nᵒ 3.
N M
G A
B F D L O C
B D
D C
Gravé par C. G. Geissler. Genève 1803.